신화 속
과학인문학
여행

십 대를 위한
신화 속 과학 인문학 여행

초판 1쇄 발행 2024년 7월 20일

지은이 최원석
펴낸이 이지은 **펴낸곳** 팜파스
기획편집 박선희
디자인 조성미
일러스트 박선하
마케팅 김서희, 김민경
인쇄 케이피알커뮤니케이션

출판등록 2002년 12월 30일 제 10-2536호
주소 서울특별시 마포구 어울마당로5길 18 팜파스빌딩 2층
대표전화 02-335-3681 **팩스** 02-335-3743
홈페이지 www.pampasbook.com | blog.naver.com/pampasbook
이메일 pampasbook@naver.com

값 15,000원
ISBN 979-11-7026-659-4 (43400)

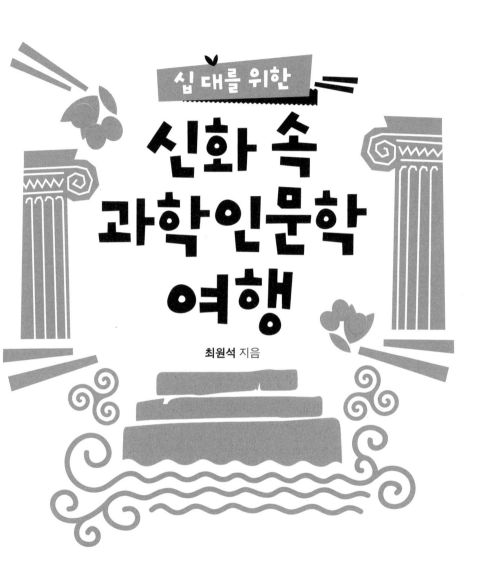

십 대를 위한

신화 속 과학인문학 여행

최원석 지음

팜파스

인간에게 신화와 과학이 필요해진 이유

"돌도끼와 돌창을 든 한 무리의 남자들이 들판을 어슬렁거린다. 며칠째 아무것도 먹지 못했는데 오늘도 역시 사냥은 실패했다. 굶주림을 참고 들판에서 모닥불을 피워 놓고 하늘을 바라본다. 오늘따라 밤하늘의 별들이 유난히 반짝인다. 자세히 쳐다보니 저 멀리 떨어진 다른 사냥꾼처럼 느껴졌다. 남자들은 내일의 사냥을 기원하며 잠에 빠져들었다.

다음 날 그들은 드디어 사냥에 성공하고 부족에게 돌아갔다. 그리고 다음 사냥부터는 밤하늘을 더욱 유심히 살피기 시작했다. 하늘의 별이 어떻게 사냥감을 선사해 줬는지 알고 싶었기 때문이다."

구석기 시대를 살아가는 원시인들에게는 땅과 우주라는 개념도 없었을 겁니다. 세상에는 오로지 자신과 같은 사냥꾼이나 동물들만 있다고 믿었지요. 매일매일 살아남기에 급급했고, 생존만이 관심사였습니다.

사냥감을 쫓아 새로운 지역으로 가면 전에 보지 못한 동물을 만나게 됩니다. 이 동물들은 괴물과 구분되지 않았어요. 괴물이라는 개념이 생기려면 일반적인 동물의 모습을 서로 알고 있어야 합니다. 그러려면 동물에 대해 많은 경험과 지식이 쌓여야 하지요. 그래야 기존의 동물과 다른 새로운 동물, 즉 괴물이라는 것을 상상할 수 있게 되기 때문입니다. 따라서 인간의 활동 반경이 넓어지면서 처음 보는 동물을 만나게 되고, 그 동물이 자신을 위협하면 곧 괴물과 다름없었지요. 자신을 위협하면 그것이 동물이든 괴물이든 두렵고 무서운 존재일 뿐이었어요.

원시인들에게는 괴물만 위험한 것도 아니었어요. 마실 물을 구하지 못하거나 길을 잃고 동족과 떨어지거나 병에 걸리면 살아남기 어려웠어요. 이러한 자연의 모든 위협으로부터 자신을 지켜 줄 방법이 필요했어요. 방법을 알아야 위험을 피해 살아남기가 유리해질 테니까요.

인간에게 신화가 필요해진 이유

◆

원시 시대 사냥꾼은 며칠 내내 사냥에 실패했지만 왜 하필 그날 사냥에 성공했는지 이유를 몰랐어요. 하지만 분명히 사냥꾼은 다음에도 꼭 사냥에 성공하고 싶다는 생각을 했을 겁니다. 바로 이것이 인간과 다른 동물이 구별되는 점입니다. 동물들은 주어진 상황에서 최선을 다해 생존할 뿐이지만 인간은 그렇지 않았어요. 원시 조상들은 하루하루 버티는 생활에서 벗어나려고 했어요. 그렇게 하려면 미래를 계획해야 했지요. 인간에게는 왜 사냥에 계속 실패하다 그때는 성공했는지에 대한 설명이 필요했어요. 그것을 알고 나면 다음 번 사냥도 성공할 수 있을 테니까요. 또한 그들을 위협하는 괴물들이 왜 나타나는지도 알아야 했어요. 그래야 괴물로부터 자신을 지키기 위한 계획도 세울 수 있기 때문입니다.

계획을 세우는 것은 인간의 뇌가 지닌 특징입니다. 계획을 세우려면 주변 상황을 잘 알고 있어야 합니다. 인간의 뇌는 모르는 것 즉 예측할 수 없는 상황을 싫어합니다. 미래에 대한 계획이 항상 맞을 수는 없어요. 그래서 필요한 것이 자신이 세운 계획에 대한 믿음이나 확신입니다. 하지만 아무렇게나 세운 계획에 믿음이 생기지는 않아요. 믿음이 생기려면 개연성 있는 이야기가 필요해요. 이야기가 탄탄할수록 믿음도 더 강해졌어요.

이야기는 이를테면 이런 것이었어요. 반짝이는 별을 따라갔더니 사냥감을 발견했고, 붉은색 보름달이 뜰 때는 괴물에게 공격을 당했다는 이야기입니다. 이 이야기 속 일들은 인간이 겪은 실제 일들이었어요. 물론 이 일들을 겪게 된 건 그저 우연이었지요. 하지만 우연은 생존에 아무 도움이 되지 않아요. 인간의 뇌는 모호한 걸 싫어했어요. 그래서 뇌는 스스로 주변의 환경에서 얻은 사실 일부와 연결시켜

선명한 이야기를 만들어 낸 거예요.

이야기는 이렇게 스토리가 되어 갑니다. 반짝이는 별은 멀리 떨어진 하늘의 사냥꾼이며 그가 지켜 주면 사냥이 더욱 잘됩니다. 붉은색 보름달은 불길함을 알려 주는 하늘의 신호입니다. 자, 이 이야기가 현실과 일치하는 순간, 이야기는 믿음을 만들어 냈어요.

인간은 자신을 둘러싼 세상이 어떻게 움직이는지를 그럴싸하게 설명할 방법을 찾아냈어요. 바로 신입니다. 신화나 종교에서는 신이 세상을 창조했다고 말하지만 그에 대한 증거는 없어요. 오히려 인간이 생존을 위해 신을 발명했다고 보는 편이 더 합리적일 거랍니다.

인간은 해가 뜨고 지고, 번개가 치며, 비가 내리고 지진이 생기는 이유를 찾아냈어요. 그건 원시 인간이 충분히 이해할 만큼 간단했어요. 바로 신이 그렇게 했기 때문이에요. 세상이 움직이는 원리에 신을 가져다 대자 모든 의문이 풀리는 것 같았어요. 태양이 뜨고 지는 것은 태양신에 의한 것이고, 번개는 번개의 신, 지진은 신의 노여움 때문에 생긴다고 보면 되었지요.

이것이 바로 신들의 이야기 즉 신화가 탄생한 이유랍니다. 신화는 거의 모든 문화권에서 문명이 시작될 때 나타났고, 오랜 세월 동안 지역의 특색에 맞춰 발달했어요. 화산이나 지진이 많이 있는 지역에서는 화산과 지진에 대한 신이 등장했어요. 바닷가에 사는 민족들에게는 바다를 관장하는 신에 대한 다양한 이야기가 있지요.

고대 시대의 사람들은 신이 세상 모든 것을 관장하는 위대한 힘을 지녀서 신에 의탁해 살아가면 도움이 된다고 믿었어요. 물론 누구도 신의 존재를 본 적이 없었지만 그렇게 믿고 살아야 불확실한 미래에 대한 불안을 줄일 수 있었죠. 인간의 뇌는 주변에서 벌어지는 현상을 하나씩 연결하여 이야기를 만들어 냈는데, 그것은 삶의 모호함을 없애는 하나의 방법이었어요. 모호하지 않으니 불안도 줄어들었지요.

그렇다고 원시인들이 신화를 단지 지어낸 이야기 정도로 취급하지는 않았어요. 아마도 그들은 심리학자 융의 말처럼 신화를 경험했을 겁니다. 그들은 신화와 함께 생활했고 신화는 그들 삶의 한 부분이었어요. 고대인들에게 신화 속 신들은 엄청난 힘을 지닌 자연의 또 다른 이름이었어요. 엄청난 자연의 힘 앞에 인간은 무력할 뿐이었죠. 그러니 자연의 힘을 신에 의한 것이라고 믿는 쪽이 오히려 마음 편했을 겁니다.

신화와 과학이 가까워진 이유

그렇게 신화의 흔적은 인류의 문화 속에 고스란히 남아 있게 되었어요. 문제는 신화를 이야기가 아니라 현실로 받아들일 때 생기지요. 물론 번개를 토르가 쏜다고 믿는 이는 없어요. 하지만 마블이 SF와 신화를 결합시켜 '마블 유니버스'라는 새로운 세상을 창조해냈듯이 신화도 현대 과학의 옷을 입고 여전히 살아 있어요. 첨단 과학의 시대에 누가 그런 것을 믿냐고요? 사람들은 과학 기술과 마법을 쉽게 구분할 수 있을 거라고 여기지만 항상 그런 것도 아닙니다. 사이

비 과학의 옷을 입는 순간 구분이 모호해지거든요. 신화가 과학의 옷을 입고 과학인 듯이 행세를 하면 전문적인 훈련을 받은 과학자들조차 속는답니다. 대표적인 사례가 바로 창조 과학입니다.

창조 신화를 이야기하면 누구나 신화라는 것을 바로 알아차립니다. 하지만 창조 신화가 사이비 과학의 옷을 입고 창조 과학이라는 이름을 달면 그것은 신화가 아니라 과학처럼 보인답니다. 게다가 오늘날에도 여전히 미신을 믿고, 마법이 가능하다고 여기는 사람들이 있어요. 첨단 과학 시대인데 왜 미신이 사라지지 않고 여전히 위력을 발휘하는 걸까요?

우리는 첨단 과학의 시대를 살고 있지만 인간의 몸은 구석기 시대에서 변한 것이 없기 때문입니다. 수만 년 전에 인간은 나약했고 자연은 인간에게 있어 두려움의 대상이었어요. 고대 인간들이 공포를 떨쳐 내기 위해 자연을 이해하려고 노력한 결과물이 신화이지요. 지금 과학자들이 자연을 이해하기 위해 노력하는 것과 크게 다르지 않아요. 물론 자연을 이해하려는 노력이 같다는 것이지 방법은 전혀 다르답니다. 여하튼, 이런 관점에서 앞으로 이야기할 신화를 무조건 비과학적이라고 비판하지만은 않으려 합니다. 오히려 신화를 통해 자연 현상을 이해하려 했던 옛 사람들의 삶과 생각을 살펴보려고 해요. 이러한 자연을 과학은 또 어떻게 하나씩 이해해 내고 증명해 냈는지를 살펴본다면 인간이 이룩한 문명의 영향력과 인간의 뇌가 쌓아 온 지식의 여행을 함께 즐기게 될 거랍니다. 그럼 이제부터 신화의 세계로 과학 여행을 떠나 볼까요?

Part 02

신화 속 영웅과 괴물들은 모두 특별한 능력이 있다

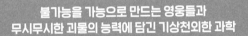

**불가능을 가능으로 만드는 영웅들과
무시무시한 괴물의 능력에 담긴 기상천외한 과학**

Part 01

신화 속 과학,
인간이 살아갈
거대한 자연을
그려 내다

신화 속 거대한 자연과
인간사에 담긴 신비로운 과학

고대 인류는 생물이 태어나듯 우주도 그 탄생의 순간이 있을 것이라고 여겼어요. 그래서 우주의 탄생을 비롯해 태양이나 달, 땅과 하늘 등 자연이 어떻게 탄생하게 되었는지를 상상했지요. 또한 해가 뜨고 지는 것처럼 세상이 어떻게 작동하는지도 이야기했어요. 바로 신화로 말이지요.

신화는 신들의 이야기이기에 신들이 세상을 만드는 데 중요한 역할을 합니다. 중국의 신화에는 혼돈의 세계에서 스스로 태어난 반고라는 거대한 거인 신이 하늘과 땅을 만들었어요. 이집트 신화에서는 부부가 세상을 창조해요. 하늘의 여신 누트와 대지의 남신 게브의 사랑으로 세상이 탄생하게 됩니다. 이집트 신화, 그리스 신화 등 세계의 많은 신화에서 신은 사랑으로 세상을 탄생시켜요. 그리고 보면 신화는 참으로 인간적이라고 할 수 있어요. 그것이 당연한 건 신화도 인간이 지닌 상상력의 산물이기 때문입니다.

또한 신화에는 당시 인간의 삶이 담겨 있습니다. 마우이가
땅을 건져 올리고 하늘을 들어 올려 세상을 만든 이야기를
보면, 그 땅에 살았던 민족의 삶을 그려 볼 수 있습니다. 우리
나라 제주도에도 비슷한 신화가 전해집니다. 바로 설문대할
망 이야기예요. 설문대할망은 제주도를 만든 거대한 여신의
이야기인데, 제주도의 특징적인 자연환경을 잘 묘사한 신화
예요. 이와 같이 신화는 세상이 어떻게 이런 모습이 되었는
지가 궁금했던 고대 인류들의 호기심과 상상의 산물입니다.
이제 그 상상의 이야기 속으로 들어가 볼까요?

이 신이 세상을 만드는 데 가장 필요한 건 태양이다

파에톤의 태양 마차

태양신 헬리오스는 어느 날 태양 마차를 몰지 않는 한가한 밤을 이용해 지상으로 내려왔어요. 여기서 바다의 신 오케아노스의 딸 클리메네와 사랑을 나눈 후 하늘로 올라가 버렸습니다. 이후 클리메네는 메로프스라는 사람과 결혼하여 파에톤을 낳았어요. 하지만 파에톤은 헬리오스와 클리메네 사이에서 태어난 아들이었어요.

하루는 친구들이 파에톤의 아버지가 누구냐고 물었어요. 파에톤은 자신이 태양신 헬리오스의 아들이라고 말했지만 놀림만 받게 됩니다. 헬리오스의 아들이라는 것을 입증하고 싶었던 파에톤은 아버지를 찾아 나섰고, 결국 아버지 헬리오스를 만났지요.

헬리오스는 파에톤에게 자신이 아버지임을 밝혔어요. 그리고 아들을 처음 만난 반가움과 미안함이 교차해 파에톤에게 소원을 말해 보라고 해요. 헬리오스는 소원을 들어주겠다는 징표로 스틱스강에 맹세해요. 스틱스강에 맹세하면 아무리 신이라도 약속을 들어줄 수밖에 없었기 때문이에요. 파에톤은 아버지가 모는 천마 4마리가 끄는 태양 마차를 몰게 해달라고 졸랐어요. 헬리오스는 그것이 얼마나 위험한 일인지 알았지만 이미 엎질러진 물이었지요.

신 중에서 헬리오스만이 겨우 몰 정도로 태양 마차는 몰기 힘들었어요. 헬리오스는 파에톤에게 어쩔 수 없이 마차를 주면서 너무 높지도, 너무 낮지도 않게 마차를 몰아야 한다고 신신당부를 했어요.

하지만 헬리오스의 걱정대로 태양 마차는 파에톤이 몰기에 무리였어요. 마차가 원래 길을 벗어나 너무 높게 날자 대지는 추위에 떨어야 했고, 너무 낮게 날자 대지가 불타 버릴 정도로 뜨거워졌지요. 마차가 땅에 가까이 왔을 때 아프리카는 사막이 되었고 에티오피아 사람들의 피부는 까맣게 변하고 말았어요. 이대로 두었다가는 지상만이 아니라 신들의 거처인 올림포스도 불에 탈 지경이었어요. 이것을 본 제우스는 어쩔 수 없이 태양 마차에 벼락을 던졌어요. 파에톤은 벼락을 맞고 에리다누스 강에 떨어져 죽고 말았어요.

그리스 신화는 물론 대부분의 신화에서 태양이나 태양신의 이야기를 중요하게 다룹니다. 태양은 존재만으로도 중요하지만 태양에 의해 벌어지는 일들도 아주 다채로워요. 그리스 신화에도 태양신과 관련된 비극적인 일화가 나와요. 바로 태양신의 아들 파에톤이 태양으로 인해 죽게 되는 이야기입니다. 파에톤이 요란하게 몰아 버린 태양 마차로 인해 세상은 큰 난리를 겪게 됩니다. 아프리카에 사막이 생긴 이유도 이야기해 주지요. 이렇게 세상의 시작에는 태양이 그 영향력을 발휘합니다. 신화에서 태양과 창조는 떼려야 뗄 수 없는 관계처럼도 보입니다.

빛은 왜 세상의 시작을 알리는 역할을 맡았을까?

◆

"세상이 어떻게 시작되었을까요?"라는 질문에는 이미 전제되는 관점이 있어요. 바로 세상이 시작과 끝이 있다고 보는 관점입니다. 기독교를 비롯한 서양 신화나 종교에서는 이렇게 시간의 흐름을 직선적으로 봅니다.

하지만 세상은 '시작'되는 것이 아니라 그냥 '존재'하는 것일 수도 있어요. 시작도 끝도 없이 영원히 반복되는 순환적인 세계인지도 모르지요. 이런 순환적인 관점은 힌두교와 불교를 비롯한 동양의 세계관뿐 아니라 서양에서는 이집트의 세계관에서 찾아볼 수 있어요.

순환적 세계관에서는 사람이 죽으면 그것으로 끝나는 것이 아니라 죽음 이후에 또 다른 삶이 존재한다고 여깁니다. 인도에서 발생한 종교가 이러한 개념이 특히 강해요. 힌두교나 불교에서는 이것을 윤회(輪廻, reincarnation)라고 불러요. 윤회는 '바퀴(輪)가 돈다(廻)'는 의미로 삶과 죽음이 반복된다는 겁니다. 이집트에서도 미라를 만드는 이유가 사람이 죽은 다음에 가는 사후(死後) 세계가 있고 다시 부활한다는 것을 믿었기 때문입니다. 그래서 이집트 문명도 순환적 세계관을 가지고 있다고 할 수 있지요.

반면 시작과 끝이 있는 직선적인 세계관에서는 반드시 창조의 순간이 있어야 해요. 창조주가 세상을 만들었고 심판이건 멸망이건 그 끝이 있을 거라고 보지요. 세계가 이렇게 시작에서 끝으로 흐른다고 보는 직선적 관점은 다양한 신화에 녹아 있어요.

그런데 신이 세상을 창조할 때 유독 자주 등장하는 자연의 존재가 있어요. 바로 태양이에요. 태양은 신화나 종교에서 특별한 의미를 지닙니다. 기독교의 성경 「창세기(성경은 크게 구약 성경과 신약 성경으로 구분하는데, 이중 구약 성경의 첫 권이 창세기입니다)」에서는 "빛이 있으라."라는 유명한 문구로 세상의 시작을 알려요. 왜 '빛이 있으라'는 말로 세상의 시작을 알렸을까요? 세상이 시작되어 무언가를 보려면 빛이 있어야 해요. 그래서 빛이 있는 것이 곧 세상이 시작되었다는 의미인 것이지요.

그렇다면 빛은 태양이 있어서 생겨난 걸까요? 흔히 태양이 있어 빛이 있다고 생각하지만 그건 아니랍니다. 우주의 역사를 과학적으로 살펴보면 빛이 먼저 생겼고 태양이 등장한 것은 한참 후의 일이에요.

대폭발 우주론(Big bang theory, 빅뱅 이론)에 의하면 우주는 138억 년 전에 일어난 대폭발(빅뱅)에 의해 탄생했다고 해요. 우주가 탄생한 직후에는 초고온, 고밀도의 상태였어요. 너무 온도가 높고 압력이 높아 10^{-36}초가 되기 전까지는 세상에 존재하는 네 가지 힘인 중력, 전자기력, 강력, 약력이 하나로 합쳐져 있었어요. 10^{-36}초가 지나 힘이 분리되기 시작했고, 10^{-12}초가 되자 모든 힘이 분리돼요. 이 순간에 바로 광자(光子)도 태어나요. 즉 빛이 태어난 것이지요.

수소가 등장한 것은 우주가 탄생한 지 3분이 지나서 일어나요. 생성된 수소가 모여 최초의 별과 은하가 생긴 것은 4억 년이 지난 후이지요. 따라서 빛(광자)이 먼저 생기고 별(태양도 별이지요)은 나중에 생긴 것이랍니다.

신화에서는 빛과 태양이 별개의 존재일 때도 있지만 서로 밀접한 관계로 등장해요. 인간은 경험상 태양이 뜨면 빛이 비치고 해가 지면 어둠이 찾아온다는 것을 겪고 태양과 빛이 서로 연결되어 있다는 것을 알았지요.

이렇게 태양과 빛이 관련되어 있지만 고대 사람들은 빛과 태양이 항상 같이 있는 건 아니라는 걸 알고 있었어요. 태양이 없는 밤에도 모닥불이나 반딧불로 빛은 만들어지기 때문입니다. 그러니까 고대에도 태양 이외에도 광원(스스로 빛을 내뿜는 물체)은 존재하고 사물을 보는 데 빛이 꼭 필요하다는 것을 알고 있었어요. 하지만 빛이 어떻게 하여 사물을 볼 수 있게 하는 것인지를 과학적으로 이해하는 데는 오랜 시간이 걸렸어요.

고대 사람들은 어떻게 해서 볼 수 있는지에 대한 과학적인 원리까지는 알지 못해도 본다는 것이 얼마나 중요한지를 수많은 경험으로 아주 잘 알고 있었어요. 어둠 속에서 포식자가 어디서 나타날지 모르는 '보이지 않는 공포'가 이루 말할 수 없이 컸을 거예요. 어둠은 어디서 무슨 일이 벌어질지 알 수 없다는 걸 의미해요. 반대로 빛은 앞으로 무슨 일이 일어날지 알려 주고, 사람을 안심시키는 역할을 해요. 그래서 빛은 곧잘 신의 존재와 연관되었고, 기독교뿐 아니라 다른 종교나 신화에서도 빛은 항상 중요하게 인식되었던 거예요.

신화가 태양을 사랑하게 된 이유

◆

빛을 내보내는 근원으로 태양이 유일한 건 아니에요. 태양 말고도 별 등 다양한 광원이 있어요. 하지만 지구에게 있어 태양의 빛은 무척 특별하지요. 해가 뜨면 낮이 되고, 해가 지면 밤이 될 만큼 태양의 빛은 지구에게 절대적이에요. 다시 말해 지구에서 태양은 가장 강력한 광원입니다.

옛날 사람들은 이 강력한 빛을 가진 태양을 자연 중에서도 더욱 존귀하게 여겼어요. 그래서 대부분의 신화에서 태양은 어둠이나 공포를 몰아내는 상징으로 등장하고, 빛과 뜨거움으로 강한 위력을 발휘해요. 그리고 태양을 상징하거나 관리하는 신은 신들 중에서 특별한 지위를 가졌지요. 그리스 신화에서도 신들 가운데 유일하게 태양 마차를 모는 태양신 헬리오스는 세월이 흐르면서 아폴론과 동일시되는 신입니다. 아폴론은 올림포스의 12신에 해당되는 중요한 신이지요. 헬리오스가 시간이 흐르면서 아폴론과 동일시되었다는 것은 고대 그리스 사람들도 이 두 신이 헷갈렸기 때문입니다. 그래서 오늘날에도 태양신이 헬리오스라고 했다가 아폴론이라고 했다가 혼동이 오는 겁니다. 아마 여러분도 태양신으로 아폴론의 이야기를 더 많이 들어 봤을 테지만, 파에톤의 아버지는 헬리오스가 맞습니다.

태양신으로 불리거나 태양을 상징하는 신들은 많으며 하나같이 주신(主神)이나 서열이 높은 신으로 그려집니다. 그리스 신화의 헬리오스처럼, 각 신화의 태양신으로는 로마 신화의 '솔'과 힌두교의 '수리야', 수메르 신화에서는 '우투', 이집트 신화의 '라' 등이 있어요. 이들은 각 신화에서 한결같이 강력한 능력을 가진 주신들입니다.

흥미로운 것은 많은 신화에서 태양신은 남자로 나오는데, 중국 신화의 '희화(羲和)'와 일본 신화의 '아마테라스 오미카미(天照大御神, あまてらすおおみかみ)'는 여신이라는 점입니다. 한편 우리나라에서는 무속 신앙에서 신에게 기원할 때 "일월성신 천지신명(日月星辰 天地

 람세스 1세 무덤에 있는 관문의
책에서 발췌된 태양신 라의 모습

神明)님께 비나이다."라고 말을 합니다. 이때 일월성신은 태양신과
달의 신, 별들의 신을 말해요. 또한 천지신명은 하늘과 땅의 신을 가
리키는 말이랍니다. 우리나라에서도 고대로부터 태양과 달을 중요
한 기원의 대상으로 여겼음을 알 수 있지요.

태양 마차에 담긴 일주 운동과 계절의 변화

♦

파에톤의 추락은 내용이 매우 비극적이면서도 드라마틱해서 그림
으로도 많이 그려졌어요. 많은 화가들이 이렇게 좋은 소재를 놓칠 리
없었지요. 대표적인 작품이 요제프 하인츠(1564~1609)의 '파에톤의
추락(The Fall of Phaeton)'입니다. 이 작품을 보면 파에톤이 태양 마
차를 몰다가 비극적인 최후를 맞는 장면이 잘 묘사되어 있어요.

파에톤이 아버지의 경고에도 무리하게 태양 마차를 몰았던 이유
가 있었어요. 파에톤은 헬리오스에게 인정받고 다른 사람들에게 스
스로 태양신의 자식이라는 걸 증명하고 싶었기 때문입니다. 이러한

'파에톤의 추락'
요제프 하인츠 작, 1596년, 라이
프치히 조형예술 박물관 소장

파에톤의 행동을 '파에톤 콤플렉스'라고 불러요.

파에톤 콤플렉스는 자신의 존재를 입증하기 위해 확실한 결과물을 보여 주려고 하는 증세를 말해요. 아버지의 만류에도 파에톤이 끝까지 태양 마차를 몰겠다고 고집을 피운 것은 그런 과시욕 때문이었어요. 어린 시절에 아버지 없이 자란 파에톤은 남들에게 인정받고 싶은 욕구가 강했어요. 그런데 자신의 아버지가 그 대단한 태양신이라는 걸 알게 되자 자신도 대단한 아버지에 걸맞은 아들임을 보여 주어 모두에게 인정을 받고 싶었던 것이지요. 신들 중에도 유일하게 아버지만 몰 수 있는 태양 마차를 자신이 몬다면 누구도 자신이 태양신의 아들이라는 걸 의심하지 않고, 우러러볼 거라고 생각했던 거예요. 그런 파에톤의 선택은 결국 비극으로 끝나고 맙니다.

파에톤을 죽음으로 내몬 태양 마차는 날개 달린 4마리의 말이 끄는, 태양이 실린 금빛 마차입니다. 태양 마차는 새벽이 되면 동쪽에서 출발해 낮이 되면 하늘 높이 올라갔다가 저녁이 되면 서쪽으로 내려와 태양 궁전에서 밤을 보낸 후 다시 새벽이 되면 동쪽에서 출발해요. 항상 태양 마차는 일정한 길을 따라 달려야 하는데 파에톤이 몰면서 길을 이탈해 대지와 올림포스 신전이 불타 버릴 지경이 됩니다.

그리스 신화에는 태양 마차와 대지의 거리에 따라 추워지거나 뜨거워진다고 나와요. 심지어 과학을 배운 사람들도 지구와 태양 사이의 거리가 계절의 변화에 중요한 요인이라고 여기기도 해요. 태양이 지구에 가까이 오면 여름이 오고, 멀어지면 겨울이 온다는 거죠. 신화 속 태양 마차의 움직임을 태양의 운동으로 바꾸어 보면 위의 주장과 비슷한 이야기임을 알 수 있지요. 그렇다면 신화의 내용이 과학적으로도 맞는 것일까요?

먼저 헬리오스의 마차가 동에서 올라왔다가 서로 내려가는 것은 지구의 자전에 의한 것으로 볼 수 있어요. 이것을 '태양의 일주 운동'이라고 해요. 태양만이 아니라 천구(天球, celestial sphere)상에 있는 모든 천체는 하루에 한 번씩 동에서 서(시계 방향)로 일주 운동을 해요. 관측자를 중심으로 한 가상의 구체를 천구라고 해요. 지구에 사는 사람이 밤하늘을 쳐다보면 천체들이 거대한 반구에 붙어 있는 듯이 보여요. 이것이 바로 천구랍니다. 천체들은 천구상에서 운동하는 것으로 보이지요. 하지만 천구상에서 별들이 뜨고 지는 것은 실제 운동이 아니라 지구가 자전하기 때문에 생기는 '천체의 겉보기 운동' 일 뿐입니다.

'겉보기 운동'이라는 것은 실제로 일어나는 운동이 아니라 '그렇게 보이는 운동'이라는 뜻이에요. 예를 들어, 차를 타고 도로를 지나가면 실제로는 차가 움직이지만 차에 탄 사람이 보기에는 배경이 움직이는 것처럼 보이는 것이 바로 겉보기 운동이랍니다. 태양의 겉보기 운동인 일주 운동은 실제로 태양이 동에서 떠서 서쪽으로 지는 것이 아니라 지구가 자전하기 때문에 마치 태양이 동에서 떠서 서로 지는 걸로 움직이는 것처럼 보인다는 겁니다. 다시 말해 태양 마차가 하늘의 길을 따라 움직이는 것은 태양의 겉보기 운동이라는 이야기이지요.

태양의 겉보기 운동은 하나 더 있어요. 지구가 공전하면서 태양이 별자리 사이를 하루에 약 $1°$씩($360° \div 365$일$≒1°$/일) 이동하는 것처럼 보이는 태양의 연주 운동도 겉보기 운동이랍니다. 실제로 움직이는 것은 지구이지만 지구에서 보면 마치 태양이 별자리 사이를 움직이는 듯이 보여요. 따라서 태양 마차의 실체는 일주 운동과 연주 운동인 셈입니다.

그렇다면 지구에서 계절 변화가 생기는 것이 태양과 거리 때문일까요? 사실 지구는 태양의 둘레를 타원 궤도를 따라 주기적으로 돌

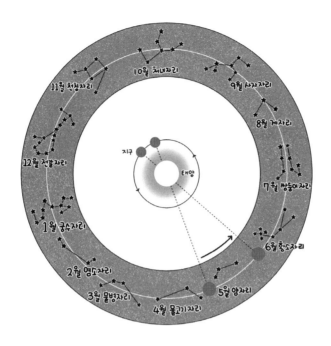

아요. 타원은 찌그러진 원의 형태이므로 지구는 태양에 가까워지기도 하고 멀어지기도 해요. 태양과 지구 사이의 거리가 가장 가까울 때를 근일점, 가장 멀 때는 원일점이라고 해요. 따라서 우리는 근일점일 때 여름이 될 것이라고 여기기 쉽지요. 하지만 북반구에서 근일점은 1월 초입니다. 즉 태양과 거리가 가장 가까울 때 북반구는 한겨울이라는 거예요. 이것은 계절이 태양과 지구 사이의 거리 때문에 생기는 것이 아니라 태양의 고도(지면에서 태양의 높이까지의 각도)에 따라 결정되기 때문입니다.

지구는 자전축이 23.5° 기울어진 채로 태양 둘레를 돌기 때문에 태양의 고도는 계속 변해요. 태양의 고도가 높을 때 단위 면적당 태

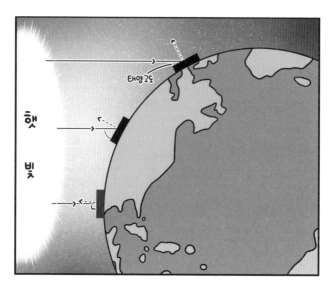

■ 태양과 고도의 관계

양 복사 에너지(전자기파의 형태로 태양에서 방출되는 에너지)의 양이 많으므로 지표면이 가열되어 여름이 됩니다. 마찬가지로 극지역이 적도 지역보다 추운 이유도 태양에서 거리가 멀어서 그런 것이 아니라 태양의 고도가 낮아서 그런 것이랍니다. 기온과 태양의 고도의 관계를 몰랐던 고대 그리스 사람들은 태양과 가까워서 뜨겁다고 여겼을 것입니다. 그것이 이 신화에 반영된 것이라고 할 수 있어요.

태양 때문에 북아프리카에 사막이 생겼을까?

◆

신화에서 아프리카는 태양이 가까워져서 사막이 생겼다고 나옵니다. 실제로 북아프리카에는 세계에서 제일 큰 사막인 사하라 사막이 있어요. 실제 사막이 아프리카에 있으니까 신화 이야기처럼 이 사막이 뜨거운 태양 때문에 생긴 것이라고 생각할 수도 있어요. 하지만 지도만 잘 살펴봐도 사막이 태양과 가까워서 생성되는 것이 아니라는 것은 쉽게 알 수 있어요. 태양이 더 가까운 적도 지방에는 오히려 사막이 더 적기 때문입니다. (사실 지구와 태양 사이의 거리는 극지역이나 적도 지역이나 거리의 차이를 무시할 수 있을 만큼 멀지요)

사하라 사막을 비롯해 중동의 거대한 아라비아 사막도 적도에 있는 것이 아닙니다. 세계의 큰 사막들은 대부분 중위도 지역에 있어요. 사하라 사막도 북회귀선(북위 $23°27'$의 위도선으로 하짓날 이 지역에서는 태양의 고도가 $90°$이다) 부근인 중위도(남북위 $30° \sim 60°$) 지역에 있어요.

또 하나 놀라운 사실은 사하라 사막도 과거에는 늪과 열대 우림으로 가득한 때가 있었다는 겁니다. 열대 우림이었던 사하라 사막이 대륙 이동에 의해 중위도로 이동하면서 사막이 된 겁니다. 1912년 독일의 기상학자 알프레드 베게너는 과거에 판게아(pangaea)라는 하나의 대륙이 있었지만, 이동하여 현재와 같은 대륙의 모습이 되었다고 주장했어요. 대륙 이동설은 맨틀 대류설과 해저 확장설을 거치면서 판 구조론으로 발전해요. 이 이론들에서 주장하는 바는 대륙이 아주 천천히 조금씩 이동한다는 거예요. 그러니 아주 먼 미래가 되면 대륙이 지금과는 다른 모습이 될 거예요.

그렇다면 멀쩡하던 땅이 중위도로 이동하면 왜 사막이 되는 것일까요? 그건 비나 눈, 안개 같이 하늘에서 내리는 물의 양, 즉 강수량이 적기 때문입니다. 연 강수량이 250mm가 되지 않는 지역을 사막 기후라고 해요. 이 기후에는 사막 지형이 만들어집니다.

사하라 지역이 사막이 된 것은 중위도 고압대에 속해서 비가 거의 내리지 않아서입니다. 비는 공기가 상승하는 지역에서 내립니다. 공기가 상승해야 구름이 만들어져 비가 내리거든요. 적도 지역은 태양열로 인해 가열된 공기가 상승하면서 비가 많이 내려요. 적도 지역에서 비를 뿌리고 나서 건조해진 따뜻한 공기는 중위도 지역으로 이동한 후 하강해요. 공기가 하강하면 있던 구름도 사라지므로 중위도 고압대에서는 비가 잘 내리지 않아요. 그래서 중위도 지역에 사막이 많은 겁니다.

에티오피아 사람의 피부가 검은 이유

◆

신화에서는 파에톤이 태양 마차를 몰고 땅으로 너무 가까이 오는 바람에 에티오피아 사람들의 피부가 그을려서 검어졌다고 나와요. 하지만 인류가 진화한 역사를 살펴보면 인류의 조상은 원래 피부가 검었답니다. 호모 사피엔스라고 불리는 현생 인류가 등장하기 전인

120만 년 전쯤 인류의 조상은 이미 검은색 피부를 가지고 있었어요. 그러니 아프리카에서 최초로 등장한 인류의 조상도 피부색은 검은 색에 가까웠어요.

그렇다면 신화에서 에티오피아 사람들의 피부가 태양 마차에 그을려 검어졌다는 이야기는 그리스 신화를 백인들이 만들어서 아마 인물들의 피부색이 원래 하얗다고 생각한 편견이 나타난 것이라고 볼 수도 있을 거예요. 흥미로운 것은 유럽에 흰색 피부를 가진 사람이 등장한 것은 기껏해야 6000년 정도 되었다는 거예요. 백인이 등장하고 얼마 지나지 않아 이런 차별적인 생각이 나왔다는 것이 놀랍지 않나요?

보통 우리는 피부색이 흑인, 백인, 황인 이렇게 세 가지라고 생각하지만 사실 피부색은 매우 다양하답니다. 붉은빛을 띠는 피부에서 노란색이나 푸른색, 검은색까지 아주 다양하지요. 피부색이 이렇게 다양한 것은 피부색을 결정하는 요인이 여러 가지이기 때문입니다.

피부색을 결정하는 요인으로는 헤모글로빈, 카로티노이드, 멜라닌과 같은 색소들이 있어요. 헤모글로빈은 산소와 결합하면 붉은빛을 띠고 산소를 잃게 되면 푸른빛을 띱니다. 또한 카로티노이드는 노란색, 멜라닌은 짙은 갈색 색소입니다. 이 색소들이 조합되어 피부색이 결정되는 겁니다. 당연히 에티오피아 사람들의 피부색이 검은 것도 멜라닌 색소에 의한 것이고요.

멜라닌 색소는 멜라닌 형성 세포에서 만들어지며 자외선으로부터 우리 몸을 보호하는 역할을 해요. 멜라닌 색소가 자외선을 흡수해 세포소기관을 보호하지요. 멜라닌 색소가 부족한 사람이 자외선에 많이 노출되면 피부암이 생길 확률이 높아져요. 햇빛에 많이 노출될수록 멜라닌이 많이 필요한 것이니 사실 태양 마차에 의해 피부가 검어졌다는 이야기가 완전히 틀린 말은 아닌 셈입니다.

그렇다면 유럽 사람들은 왜 피부가 하얗게 되었을까요? 이에 대한 하나의 가설이 있는데, 바로 백인의 피부가 하얀 것은 자외선을 더 흡수하기 위한 거라는 가설입니다. 자외선이 몸에 해롭기는 하지만 우리 몸에서 비타민 D를 합성하는 역할도 해줍니다. 그래서 어느 정도는 필요하지요. 그런데 자외선이 풍부한 적도 지역과 달리 북유럽은 자외선의 강도가 약해요. 이런 환경에서는 멜라닌이 적은 밝은 피부가 자외선을 통과시키기에 유리했어요. 그래서 차츰 밝은 피부색을 가지게 되었다는 것이 '비타민 D 합성 가설'입니다. 물론 가설일 뿐이고 아직 완벽하게 증명된 것은 아니랍니다.

어쨌건 피부색은 피부에 있는 색소에 의한 것이지 다른 의미는 전혀 없어요. 그러니 피부색으로 인간은 누구도 차별받아서는 안 됩니다. 우리나라도 다문화 가정이 늘어나면서 다른 피부색을 가진 사람들을 차별하지 않도록 유의해야 한답니다.

지구에 생물이 살 수 있게 만든 행운들

지구에 생물이 살 수 있게 된 것은 여러 가지 행운이 있었기 때문이에요. 첫 번째는 태양으로부터 지구가 액체 상태의 물이 존재할 수 있는 위치에 있다는 겁니다. 태양에 너무 가까우면 물이 모두 증발해 수증기 상태로 존재할 것이고, 너무 멀면 얼음 상태로 존재하므로 생물이 나타날 수 없었을 겁니다. 두 번째는 지구의 크기가 적당하다는 겁니다. 만일 지구가 달 정도로 크기가 작았다면 중력이 약해 물이나 대기가 우주로 빠져나갔을 거예요. 세 번째는 태양의 크기도 적당하다는 점입니다. 태양의 질량이 훨씬 컸더라면 지구에 생물이 나타나기 이전에 태양은 이미 폭발해서 그 생을 마감했을 겁니다. 태양이 적당한 크기를 가지고 있어서 46억 살이나 되었지만 아직도 찬란하게 빛날 수 있어요. 이렇게 여러 가지 우연들이 겹칠 수 있었던 것이 바로 신의 존재가 있기 때문이라고 믿는 사람도 있어요. 물론 그럴 수도 있지만 그것은 과학적인 생각이 아니에요. 넓은 우주 공간에는 수없이 많은 별과 행성이 있으니 그중에는 생물이 탄생할 수 있는 조건을 가진 행성이 등장할 확률이 충분히 있다고 보는 것이 더 합리적입니다.

02

주국 신화에서는 태양이 누려 열 개나 등장한다고?

중국 전설 속 요임금의 시대(은나라 이전에 전설상의 시대), 태평성대를 누리고 있던 때에 하늘에 갑자기 열 개의 태양이 동시에 떠올랐어요. 이 열 개의 태양은 천제 제준과 태양신 희화의 아들들이었고, 양곡이라는 곳에서 살고 있었어요. 희화는 열 개의 태양이 동시에 뜨면 세상이 불바다가 될 것을 염려해 하루에 한 명씩만 하늘에 나갈 수 있도록 규칙을 정해 두었어요. 열 명의 아들은 오랜 세월 동안 희화의 말에 따라 하루에 한 명, 열흘

에 한 번씩만 하늘로 나갑니다.

어느 날 이런 생활이 지겨웠던 아들들은 희화가 잠든 사이에 몰래 하늘로 나가 버렸어요. 열 개의 태양은 함께 나가 노는 것이 너무 신난 나머지, 돌아오라는 말을 듣지 않았어요. 열 개의 태양으로 인해 대지는 타들어가고 세상 만물이 모두 죽을 지경이었어요. 이를 보다 못한 천제 제준은 활을 잘 쏘기로 유명한 예를 불러 활과 화살을 주고 문제를 해결하라고 했지요.

지상으로 내려간 예는 사람들의 환대를 받으며 곧바로 임무를 수행했어요. 명궁인 예가 쏜 화살에 맞은 태양은 지상으로 떨어지자 빛을 잃고 발이 세 개 달린 까마귀인 삼족오로 변했어요. 예는 차례차례 아홉 개의 태양을 화살로 떨어트렸고 마지막 하나만 남겨 두어 세상을 원래대로 돌려놓았어요. 내친김에 예는 세상에 있던 요괴들까지 처치했어요. 임무를 끝낸 예는 제준에게 제사를 지내고 다시 하늘로 불러 주길 기다렸지만 답이 없었어요. 제준의 명이긴 했지만 그의 아들들을 죽여 미움을 샀던 겁니다.

그렇게 해서 예와 그의 부인 항아는 하늘로 돌아갈 수 없었어요. 원래는 신이었으나 지상에 내려온 예 부부는 인간처럼 수명이 있었어요. 예는 서왕모를 찾아가 죽지 않는 불사약을 구해 왔고, 부인과 함께 먹으려고 숨겨 두었어요. 하지만 항아는 하늘로 다시 올라가고 싶은 욕심에 예가 구해 온 불사약 2인분을 혼자서 먹어 버렸어요. 불사약 2인분을 먹자 항아의 몸은 하늘로 떠올랐어요. 항아는 혼자 하늘로 올라간 것을 후회하고 울다가 두꺼비가 되어 달에 숨어 버렸지요.

부인도 떠나고 홀로 지상에 남은 예는 제자들에게 활쏘기를 가르치는 낙으로 살았어요. 제자 중 봉몽(방몽)은 특히 활을 잘 쐈지만 스승의 그늘에 가려 2인자가 되어야 했지요. 어느 날 예는 스승의 실력을 시기한 제자 봉몽이 휘두른 복숭아 몽둥이에 맞아 비참하게 죽고 말아요. 영웅의 죽음을 안타깝게 여긴 사람들은 예를 귀신의 우두머리로 추앙했어요.

서양과 마찬가지로 동양에서도 태양을 중요하게 여겼어요. 특이한 것은 중국의 전설에서는 원래 태양이 한 개가 아니라고 여겼다는 점이에요. 한두 개도 아니고 무려 열 개나 태양이 있었다고 나온답니다. 그러다 태양이 한 개가 남게 된 데는 안타까운 사연이 있습니다. 태양을 활로 쏘아 떨어뜨린 명궁 예의 신화에는 태양과 달 그리고 괴물을 처치하는 영웅의 서사가 잘 어우러져 신화가 전해 주는 이야기의 힘과 재미를 선사합니다.

영웅은 항상 질투 때문에 죽는다

◆

흔히 제사를 지낼 때는 여러 가지 금기가 있어요. 그중 하나가 제사상에는 복숭아를 올리지 않는다는 겁니다. 복숭아를 올리지 않는 이유는 귀신이 복숭아를 무서워하기 때문에 제사상에 올리면 제사 음식을 먹으러 조상신이 올 수 없기 때문이라고 해요. 그렇다면 귀신들은 왜 복숭아를 무서워하는 것일까요? 그것은 봉몽이 예를 죽일 때 사용한 것이 복숭아나무로 만든 몽둥이였기 때문입니다. 귀신의 우두머리를 죽인 나무에서 나온 과일을 조상신에게 대접할 수는 없어서 사용하지 않는 겁니다. 중국에서 도교가 전해질 때 복숭아가 귀신을 쫓는다는 믿음도 함께 전해진 것이지요.

중국 신화 속 예는 세상을 구한 영웅이었지만 자신의 주군과 부인에게 버림받고 마지막에는 제자의 손에 죽는 비참한 운명의 주인공입니다. 예를 고난에 빠트리는 인물들을 보면, 인간의 복잡다단한 마음 상태가 잘 나타나 있습니다. 천제는 비록 자신의 명이었다고는 하나 아들들을 죽인 예를 도저히 하늘로 불러올릴 수 없었고, 부인 항아는 남편 때문에 하늘에서 내려오게 됐으므로 혼자서라도 하늘로 올라가고 싶어 했지요. 예를 죽이는 인물, 봉몽은 자신을 가르치고 아낀 스승을 질투하다 이에 눈이 멀어 스승을 죽였어요. 이 부분은 인간의 심리를 잘 보여 주는 대목이기도 해요. 인간이 다른 동물과 다른 점들 가운데 하나가 바로 질투를 한다는 점이니까요.

신화는 인간의 모습을 신들에게 그대로 투영시켜 놓은 이야기라

📖 하늘에 뜬 열 개의 태양을 쏘아 떨어뜨리는 예

고 할 수 있어요. 그래서 신화에서는 질투로 벌어지는 사건 사고가
아주 많이 등장합니다. 그리스 신화에 나오는 페르세우스의 증손자
인 헤라클레스의 모험도 헤라의 질투에서 시작되었어요. 사실 헤라
의 질투심은 이해할 만한 부분도 있어요. 그녀의 남편인 제우스가 엄
청난 바람둥이였고 헤라클레스도 제우스가 바람을 피워 낳은 아들
이기 때문입니다.

그리스 최고의 발명가 다이달로스의 이야기를 살펴볼까요? 그에게는 경쟁자가 있었는데, 바로 그의 조카 탈로스였어요. 다이달로스는 탈로스를 제자로 받아들여 가르치던 중, 탈로스에게 발명가로서 천재적인 능력이 있다는 걸 알게 돼요. 탈로스의 능력을 질투한 다이달로스는 조카를 아크로폴리스 언덕에서 떨어트려 죽이고 말지요. 이 일로 다이달로스는 아들과 함께 크레타섬에 추방됩니다. 그리고 결국 크레타섬을 탈출하는 과정에서 아들을 잃는 슬픔을 겪습니다. 신화에서 질투가 초래하는 결말은 항상 이렇게 비극적입니다.

'사촌이 땅을 사면 배가 아프다'는 속담이나 기독교의 7대 죄악에도 질투가 있는 것을 보면 질투는 인간 사회에서 흔히 볼 수 있는 감정임이 틀림없어요. 예를 들어, 회사에서 프로젝트를 성공시켜 팀에 보너스를 준다고 가정해 볼까요? 동료와 함께 1000만 원을 받는 경우와 동료에게는 3000만원 내게는 2000만원이 지급되는 경우 중하나를 선택하라고 하면 어떤 쪽을 선택할 건가요? 이성적으로 생각한다면 후자를 택해야겠지만 만족감이 떨어집니다. 돈을 더 많이 받지만 오히려 불행하게 느껴진다는 겁니다. '질투에 눈이 멀었다'는 말처럼 질투는 사람이 이성적인 판단을 하지 못하게 해요. 봉몽도 그랬습니다. 그는 스승에게서 더 많이 배우고 스승과 잘 지낼 수 있었음에도 질투 때문에 스승을 죽이는 패륜을 저지르고 말았지요.

정말 불화살이
우주까지 날아갈 수 있다고?

✦

그리스 신화에 영웅으로 헤라클레스가 있다면 중국 신화에는 예가 있어요. 하늘에 살던 신, 예는 천제의 명으로 지상을 구하기 위해 천제가 준 활과 화살로 태양을 쏘아 떨어트리는 엄청난 능력을 선보입니다. 옛날 사람들은 땅에서 하늘을 쳐다보면 지구가 중심이고 하늘이 움직이는 것처럼 보였어요. 태양과 달이 뜨고 지는 것도 지구의 대기에서 일어나는 현상으로 보았지요. 그러니 활을 잘 쏘는 예가 태양을 화살로 맞출 수 있다고 여긴 겁니다. 하늘에 뜬 태양을 향해 예가 쏜 화살은 얼마나 멀리 날아갔을까요?

활은 활시위를 당길 때의 탄성 에너지(탄성체의 길이가 변화되었을 때 가지는 에너지)를 화살의 운동 에너지(운동하는 물체가 가지는 에너지)로 바꿔 주는 도구예요. 사람이 활시위를 당기는 일을 해주어 활시위에 탄성 에너지가 저장되는 것이지요. 화살 속력은 활의 종류나 활시위를 당기는 정도에 따라 다르지만 보통 초속 50~100m 정도 된다고 해요. 수직으로 활을 쏜다고 가정했을 때 이 정도 빠르기의 화살이 도달할 수 있는 높이는 500m 정도예요. 이것도 공기 저항을 고려하지 않고 수직으로 가장 빠르게 쏠 경우에 가능한 높이입니다. 실제로는 공기 저항과 바람의 영향으로 이만큼 올라가기는 어려워요. 사실 화살로는 산 중턱에 걸려 있는 낮은 구름조차 맞히기 쉽지 않아요.

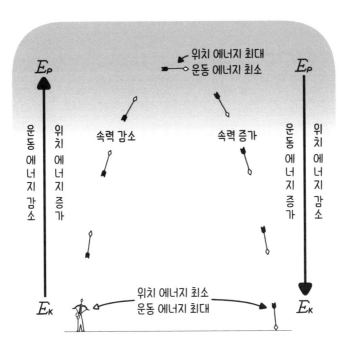

위치 에너지 최대
운동 에너지 최소

E_P

E_P

운동 에너지 감소

위치 에너지 증가

속력 감소

속력 증가

운동 에너지 증가

위치 에너지 감소

E_K

위치 에너지 최소
운동 에너지 최대

E_K

📖 위치 에너지와 운동 에너지

예가 쏜 화살은 중력에 의해 점점 속력이 줄어들다가 최고 높이에 도달한 후 다시 땅으로 떨어집니다. 태양은커녕 떨어지는 화살에 맞으면 자신도 다칠지 모르지요. 화살이 가진 운동 에너지는 올라가는 동안 위치 에너지(지면에서 어떤 높이에 있을 때 그 물체가 가진 에너지)로 전환되었다가 내려오면서 다시 운동 에너지로 전환됩니다.

만일 예가 쏜 화살이 태양으로 날아가려면 얼마나 빨리 날아가야 할까요? 앞서 말했듯이 지상에서 물체를 던지면 중력에 의해 다시 떨어집니다. 그런데 지표면과 나란하게 물체를 '아주 빨리' 던지면 지구를 한 바퀴 돌아서 다시 던진 위치로 돌아올 수 있어요. 이때의 속도를 제1 우주속도라고 하고 초속 7.9km입니다. 이 속도보다 빠르게 쏜 물체는 다시 지상으로 내려오지 않아요.

물론 예가 이 속도로 활을 쏜다고 해도 태양을 맞힐 수는 없어요. 이 속도로 쏜다 해도 화살은 고작 대기권 바깥으로 나가 지구의 중력에 붙잡혀 맴도는 인공위성처럼 될 뿐이지요. 지구의 중력을 벗어나려면 초속 11.2km 이상의 속도가 되어야 해요. 그래야 지구 주위를 벗어나 태양을 향해 날아갈 수 있어요. 소리의 속도(초속 340m)보다 거의 30배 이상 빨라야 한다는 겁니다. 그런데 이건 예의 화살이 대기와의 마찰이 없다는 가정하에서 이렇게 된다는 뜻이에요. 실제로는 화살은 로켓과 같은 추진체가 없으니 훨씬 빠르게 쏴야 해요. 물론 그렇게 되면 대기권 밖으로 나가기도 전에 타서 없어진다는 문제가 있긴 해요.

다시 말해 아무리 강한 활을 이용해도 활로는 지구 밖을 벗어날 수 없어요. 지구를 벗어나기 위해서는 로켓쯤은 이용해야 해요. 그런데 사실 로켓의 원조는 중국의 불화살입니다. 화약을 발명한 중국은 기다란 화살(창)에 화약통을 달아서 멀리까지 날려 보냈지요. 지금은 화약통을 사용하지는 않지만 작용-반작용을 이용한다는 원리는 같습니다. 로켓이 분출 가스를 밀면(작용) 분출 가스도 로켓을 밀어(반작용) 로켓이 날아가는 것이지요.

로켓이 날아가는 과학적인 원리를 알아낸 것은 러시아의 물리학자 치올콥스키입니다. '치올콥스키 로켓 방정식(외부의 힘이 작용하지 않을 때 로켓의 운동을 묘사한 방정식으로, 우주 공간에서 로켓이 어떻게 운동하는지를 알려 준다)'으로 불리는 식을 알아내 지구 밖으로 날아가기 위한 로켓의 속도를 이론적으로 알아냈지요.

🔖 치올콥스키

치올콥스키가 로켓에 대한 이론을 세웠다면 실험을 통해 로켓 개발을 이끈 사람은 미국의 로켓 과학자 로버트 고다드와 베르너 폰 브라운이었어요. 1926년 고다드는 액체 추진 방식(액체 연료와 산화제를 추진하는 방식)의 로켓을 만들어 발사해요. 기껏 12m밖에 날지 못했지만 인류 최초로 로켓 발사에 성공했어요. 폰 브라운은 제2차 세계 대전 때 독일의 로켓 개발을 이끌어 V-2 로켓을 만들었고 독일이 패망하자 미국으로 건너가요. 제2차 세계 대전이 끝나자 소련은 독일의 로켓 개발 기술자를 데려가서 미국보다 먼저 인공위성을 쏘아 올려요. 이에 본격적인 미국과 소련 간의 우주 개발 경쟁이 시작되지요.

중국에서 화약을 발명하고 불화살을 쏠 때만 해도 이것을 이용해 정말로 태양까지 날아갈 것이라고는 상상도 못했을 겁니다. 하지만 2018년 미 항공우주국(NASA)에서 발사한 파커 태양 탐사선은 태양의 대기권으로 들어가기 위해 점점 속도를 높이고 있지요. 예의 화살이 정말로 태양까지 날아가게 되었네요.

태양 속 삼족오의 정체는 무엇일까요?

◆

　신화 속 예의 화살에 맞아서 떨어진 태양은 다리가 세 개인 까마귀로 변했어요. 이 까마귀는 삼족오라고 불려요. 삼족오는 중국을 비롯해 우리나라, 일본에서 태양을 상징하는 새로 불리지요. 우리나라에서는 오늘날 까마귀를 좋은 징조를 가진 새로 취급하진 않지만 일본에서는 좋은 일을 가져오는 길조로 여긴답니다. 태양을 상징하는 삼족오는 '금오(金烏)'라고도 부릅니다. 여담이지만 김시습이 지은 우리나라 최초의 소설 『금오신화(金鰲新話)』는 태양과 아무런 상관이 없어요. 한자를 보면 알겠지만 김시습의 금오는 경상북도 상주에 있는 금오산을 의미하기 때문입니다. 어쨌건 동아시아 지역에서는 태양과 까마귀를 연관 지어 생각하는 것이 일반적이었어요.

　노랗게 빛나는 태양을 보면서 검은색 까마귀와 연관성을 찾기는 사실 쉽지 않아요. 하지만 태양도 자세히 관찰하면 검게 보이는 부분이 있어요. 바로 흑점입니다. 흑점은 꼭 망원경이 있어야 관측할 수 있는 건 아니에요. 기원전 중국과 고려 시대에도 흑점을 관측한 기록이 남아 있어요. 이 흑점을 보고 삼족오의 전설이 만들어졌을 가능성이 있답니다. 태양의 흑점이 클 때는 맨눈으로도 관측할 수 있기 때문입니다. 중국 전한의 유안이 쓴 『회남자(淮南子)』에는 해 속의 까마귀와 달 속의 두꺼비가 있다는 이야기가 등장하는데, 이것은 고대 중국의 전설을 바탕으로 기록한 것으로 보여요.

　우리가 흑점이라고 부르긴 하지만 실제로 흑점이 검지는 않아요.

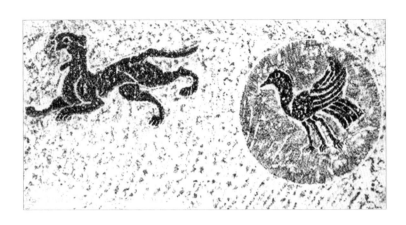

한나라 벽화에 그려진 삼족오

검게 보이는 것은 주변보다 어두워서 그렇게 보이는 것이지 실제로는 어둡지 않거든요. 흑점만 떼어서 본다면 환하게 빛나고 있을 거예요. 사실 흑점보다 어두운 별도 있어요. 흑점이 어두운 이유는 주변보다 온도가 낮기 때문입니다. 태양의 표면 온도는 대략 5500℃ 정도이지만 흑점은 이보다 낮은 4000℃ 정도예요. 흑점 주변에 강한 자기장이 형성되면서 내부의 열에너지가 표면으로 이동하는 양이 줄어들어 온도가 낮은 거지요.

흑점은 한 번 생기면 내내 있는 것이 아니라 나타났다가 사라집니다. 흑점의 수명은 수 시간에서 수개월까지 다양해요. 크기도 다양해서 흑점 하나의 지름이 지구 몇 배에 달할 만큼 큰 것도 있어요. 또한 흑점은 여러 개가 모여서 나타납니다. 태양의 활동이 활발하면 흑점이 많이 보여요. 흑점은 태양의 자기장이 강한 곳에 형성돼요. 강한 자기장으로 인해 대류가 잘 일어나지 않으면 주변보다 온도가 낮아

어둡게 보이는 흑점이 되는 것이랍니다. 흑점 수와 태양의 활동이 관련이 있기 때문에 흑점의 주기와 태양 활동 주기가 같다는 겁니다. 흑점의 수는 대략 11년 주기로 극대기와 극소기(태양의 활동성이 가장 클 때를 태양의 극대기, 가장 작을 때를 태양의 극소기라고 한다)를 반복해요.

또한 흑점은 생겨난 자리에 그대로 머물러 있지 않아요. 갈릴레이는 망원경으로 태양을 관측해 흑점이 존재한다는 것을 알았어요. 그는 흑점을 관측해 태양이 서에서 동으로 자전한다는 것도 증명해냈어요. 물론 망원경으로 태양을 직접 본 건 아니에요. 필터가 없는 망원경으로 직접 태양을 쳐다보면 실명할 가능성이 있거든요. 갈릴레오는 종이에 투영시켜 태양을 관측했어요. 흑점은 태양의 자전으로 움직이기도 하지만 마치 지구의 태풍처럼 태양 표면을 이동하기도 해요. 이것은 태양 표면이 기체로 되어 있어 대류 활동(내부에서 온도가 높은 물질이 솟아올랐다가 식으면 가라앉는 현상)이 일어나기 때문입니다. 기체로 되어 있어 위치에 따라 자전 속도도 달라요. 태양의 적도 부근에 생긴 흑점이 위도가 높은 지역의 흑점보다 빨리 자전해요.

흥미로운 것은 전설에는 삼족오가 많아서 뜨겁다고 했는데, 실제로도 흑점이 적었을 때 지구의 기온이 많이 떨어졌다는 거예요. '마운더 극소기(Maunder Minimum)'로 불리는 1645년에서 1715년 사이에는 흑점이 거의 없었어요. 이 시기에는 유럽을 비롯한 전 세계에 한파가 몰아닥친 소빙하기가 찾아와 기근에 시달린 곳이 많았어요. 우리나라도 조선 현종이 다스리던 1670년(경술년)과 1671년(신해년) 사이 경신 대기근(경술년과 신해년에 일어난 기근)이 일어났지요.

당시 지구에 왜 소빙하기가 찾아왔는지의 원인 중 하나로 태양의 활동을 꼽습니다. 태양의 활동이 활발하면 지구의 평균 기온이 올라가지만 태양의 활동이 적으면 기온이 떨어지기 때문입니다. 그리고 태양의 활동은 흑점의 수와 관련이 있어요. 그래서 흑점 수가 적은 마운더 극소기가 빙하기와 관련 있다고 보는 거랍니다. 즉 지구의 기후가 변하는 원인은 여러 가지가 있는데 그중 하나가 태양의 활동이라는 거지요.

전설에는 삼족오가 태양을 상징한다고 했지만 삼족오를 흑점이라고 가정하면 하늘에 삼족오가 많다는 것은 흑점이 많다는 것으로 생각할 수 있어요. 삼족오가 많을 때 지구의 기온이 올라간다는 것은 흑점의 수가 많을 때 태양의 활동이 활발해 기온이 올라가는 것으로 해석되지요. 때론 신화의 내용이 과학적 사실과 일치한다는 것이 매우 흥미롭지요?

 사이언스 토크

우주 개발에서 우주여행으로

우리나라가 한때는 세계 최고의 로켓 기술을 보유했다는 것을 아나요? 조선 세종 29년에 개발된 로켓 무기인 '신기전(神機箭)'은 당시 세계 최고의 로켓 무기였어요. 비록 지금은 세계 최고 수준은 아니지만 우리나라도 우주 개발에 적극적으로 참여하고 있어요.

우리나라는 2013년 한국형 발사체 나로호 발사에 성공해 세계 11번째로 인공위성을 쏘아 올린 나라가 되었어요. 2022년 8월에는 무인 달 탐사선 다누리(KPLO, Korea Pathfinder Lunar Orbiter)를 발사해 4개월의 비행을 통해 달 궤도에 진입하는 데 성공했어요.

인류의 호기심에서 시작된 우주 개발은 이제 중요한 미래 산업이 되었어요. 1957년 소련에서 스푸트니크 1호를 발사하고 1969년에 아폴로 11호를 통해 인류는 달에 첫발을 내디뎠지요. 1977년 발사된 보이저 1호는 현재 지구로부터 156AU(천문단위) 떨어진 성간 영역(태양계를 벗어난 별과 별 사이의 공간)에 도달했어요. 1990년에는 지상에서 관찰할 수 없는 다양한 자료를 얻기 위해 허블 우주 망원경이 발사되었고요.

2020년에는 스페이스 X에서 '크루 드래곤'이라는 우주선으로 민간인을 국제우주정거장(ISS)에 보내는 데 성공했지요. 이제 정말로 우주여행의 길이 열리는 세상이 온 겁니다.

03

해와 달은 어쩌다 일본으로 건너갔을까?

연오랑과 세오녀

신라 제8대 아달라왕 4년에 동해 바닷가에 연오랑과 세오녀 부부가 살고 있었어요. 어느 날 연오랑이 바다에 나가 해초를 따는데 갑자기 바위가 움직여 연오랑을 태우고 일본으로 갔어요. 일본 사람들이 연오랑을 보고 범상치 않은 인물이라고 여겨 왕으로 삼았어요.

세오녀는 남편이 돌아오지 않자 바닷가에서 남편이 벗어 놓은 신발을 보고 바위에 올라갑니다. 또다시 바위는 세오녀를 태우고 일본으로 갔습니다. 세오녀를 본 일본 사람들이 놀랍고도 이상해 왕께 아뢰었어요. 왕은 그녀를 귀비로 삼았어요. 그들이 떠나자 신라에서는 해와 달이 빛을 잃게 되었어요. 천문을 담당하는 관리는 신라에 내려와 있던 해와 달의 정기가 지금은 일본으로 가버렸기 때문이라고 고했지요. 국왕이 사신을 일본으로 보내 이 부부를 찾았습니다.

연오는 일본으로 오게 된 건 하늘이 시킨 일이니 세오가 짠고운 비단을 가지고 돌아가 그것으로 하늘에 제사를 지내면 될 것이라 일러 주었어요. 이에 신라는 사신이 가져온 비단을 모셔놓고 제사를 지냈지요. 그랬더니 해와 달이 이전처럼 빛을 찾았어요. 그 비단을 보관한 창고는 귀비고, 비단으로 제사를 지내던 곳은 훗날 영일현 또는 도기야라고 불렀답니다.

고려 승려 일연이 쓴 『삼국유사(三國遺事, 1281~1283년 무렵)』라는 책은 고려 시대에 전승되던 역사와 전설 등을 모아서 기록한 책입니다. 책의 내용이 모두 역사적인 사실에 근거했다고 할 수는 없어요. 하지만 우리나라의 고대 역사를 밝히는 데 중요한 자료이고 종교나 사상 등 문화적으로도 가치 있는 자료입니다.

이 책에는 '연오랑과 세오녀'에 대한 이야기가 실려 있습니다. 내용만 보면 전설처럼 보이는데, 그렇다고 아무런 근거가 없는 이야기라고 할 수는 없답니다. 역사적으로 해석할 여지가 있기 때문이에요. 학자들은 아마도 한반도에서 일본으로 건너간 신라 사람들의 이야기가 '연오랑과 세오녀'의 전설을 만들었을 거라고 봅니다. 이런 역사적 관점과 함께 과학적인 관점으로 이 전설을 어떻게 해석할 수 있을지 생각해 보아요.

『삼국사기』에는 없고 『삼국유사』에 있는 것

한국의 고대사를 연구하는 데 『삼국사기』와 『삼국유사』는 아주 중요한 책입니다. 『삼국사기』는 1145년 김부식이 편찬했고, 『삼국유사』1281년 일연이 편찬했어요. 두 책은 이름만 비슷한 것이 아니라 한국의 고대사를 고려 시대에 편찬했다는 공통점이 있어요. 하지만 두 책의 성격은 전혀 다르답니다. 흔히 역사는 사실을 기록한 것이라고 생각하지만 반드시 그런 것은 아니에요. 역사는 그것을 기록하는 사람의 관점인 사관(史觀)에 따라 얼마든지 다르게 적힐 수 있어요. 이 두 책도 마찬가지예요. 왕명을 받아 공무원 신분에서 쓴 책과 개인이 원해서 쓴 책은 매우 다를 수밖에 없지요.

『삼국사기』는 신라 왕족의 후손이고 문벌 귀족 출신의 엘리트 지식인인 김부식이 왕의 명을 받아서 유교 사관에 입각해 사실을 근거해서 쓴 책이에요. 이와 달리 『삼국유사』는 존경받는 스님이자 백성을 사랑하는 마음을 지닌 일연이 백성에게 힘이 될 수 있는 이야기를

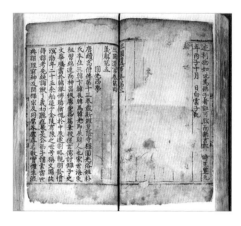

『삼국유사』
대한민국 국보 제306호
ⓒ국가유산청

모아서 쓴 책이지요. 따라서 『삼국사기』는 우리나라 역사서 중 가장 오래되고, 삼국의 흥망성쇠를 다룬 정사(正史)가 담긴 책으로 한마디로 삼국의 역사를 기록한 책이라고 할 수 있어요. 반면 일연의 『삼국유사』는 『삼국사기』에서 다루지 않았던 신화나 전설, 민간 설화 같이 우리 민족의 문화적인 정서가 담긴 야사(野史)를 담은 책이라고 할 수 있어요.

그렇다고 사실을 근거로 한 김부식의 『삼국사기』만 사서(史書)로서 가치가 있다고 할 수는 없어요. 김부식은 『삼국사기』를 사실에 근거해 합리적으로 집필하려 했지만 지나치게 중국 중심적으로 기록했지요. 이에 반해 일연은 『삼국유사』를 다소 근거가 부족하더라도 당시 전해 오는 이야기들을 모아서 책을 편찬했어요. '유사(遺事)'라는 말은 '역사 기록에서 빠진 기록'이라는 뜻이에요. 그래서 '삼국유사'는 『삼국사기』에서 빠진 부분을 보완한다는 의미로 해석되기도 해요.

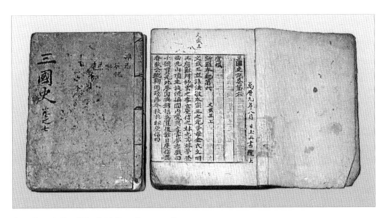

📖 『삼국사기』 대한민국 국보 제322-1호 ⓒ국가유산청

하지만 이 책을 읽어 보면 빠트린 이야기라고 하기보다는 '남겨야 할
이야기'가 빠져 있어 보완했다고 보는 편이 더 타당해 보여요. 김부
식의 역사책이 있음에도 140여 년이 지난 후 일연이 『삼국유사』를
집필한 이유를 생각해 보면 잘 알 수 있어요.

　일연이 살던 시대는 1231년 몽골의 침입과 부패한 권력층으로 인
해 매우 혼란스러웠어요. 이런 때에 일연은 어려움을 극복하고 백성
들에게 도움이 될 수 있는 자주적인 이야기가 필요하다고 느꼈어요.
그래서 『삼국사기』에서는 다루지 않았던 '단군 신화'와 같이, 백성들
이 자긍심을 가질 수 있는 이야기를 기록했던 겁니다. 이렇게 힘든
시기에 희망을 품고 민족의 자긍심을 높일 수 있는 이야기가 담긴 것
이 『삼국유사』의 매력이라고 할 수 있어요.

그들이 동해에서 일본으로 건너간 비결

『삼국유사』에 실린 연오랑과 세오녀의 이야기도 단순한 전설일 수 있어요. 하지만 일연의 집필 의도를 본다면 연오랑과 세오녀의 이야기는 어떤 역사적 사건을 기반으로 했을 가능성도 있습니다. 이야기의 배경인 동해의 영일현이 실제로 포항의 영일만인 것처럼 많은 흔적들이 남아 있어서 단순한 우연의 일치는 아닐 수 있다는 거예요. 만일 그렇게 본다면 이 이야기는 한일의 고대사를 풀 수 있는 중요한 단서일 수 있습니다. 즉 신라에서 일본으로 건너간 사람들의 이야기를 모티프로 하고 있다는 겁니다. 실제로 일본의 신화인 '스사노오 신화'에 비슷한 내용이 나오는 것도 이와 관련되었다고 볼 수 있어요.

고대 일본 역사서인 『일본서기(日本書紀, 720)』에는 스사노오가 신라국에서 배를 타고 일본으로 건너와서 이즈모 왕국을 세웠다는 내용이 있어요. 이러한 사료를 근거로 보면 연오랑세오녀의 신화가 어떤 역사적인 사건을 바탕으로 생긴 이야기인지 추측해 볼 수 있어요. 물론 전설을 토대로 한 것이니 역사적 사실로 인정받기 위해서는 더 많은 증거와 연구가 필요할 겁니다.

그렇다면 이 전설을 과학적으로 보면 어떻게 될까요? 연오랑과 세오녀는 바위 위에 있었는데 이것이 일본으로 이동했다고 하며, 스사노오 신화에서는 돌배를 타고 건너왔다고 해요. 당연히 바위나 돌로 만든 배가 물에 뜰 수는 없으니 이것은 인물을 신격화하기 위한 장치로 봐야 해요. 어쨌건 흥미로운 것은 우리나라에서 일본으로 건너가

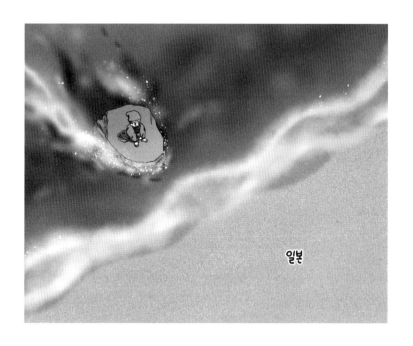

일본

는 것은 그리 어렵지 않다는 겁니다. 우리나라 동해에서 일본 쪽으로
해류가 흐르기 때문에 신라 앞바다에서 배를 탔건 난파되었건 바닷
물의 흐름을 따라가면 일본으로 건너가게 됩니다. 그러니 신라 시대
에 항해술이 뛰어나지 않은 사람조차도 일본으로 건너가는 것이 어
렵지 않았을 겁니다. 거리도 멀지 않은데다 해류조차 그쪽으로 흐르
기 때문입니다.

　우리나라 주변의 해류를 보면 이러한 사실을 알 수 있어요. 한반도
주변의 해류는 북태평양 서부에서 시작된 쿠로시오 해류(일본 해류)
의 영향을 받습니다. '쿠로시오'는 흑조(黑潮)라는 뜻으로 해류에 플
랑크톤의 수가 적어 해류가 어두운 청남색으로 보여 붙여진 이름입

📖 한반도 주변의 해류 모습

니다. 쿠로시오 해류에서 갈라져 나온 대마 난류가 황해 난류와 동한 난류로 갈라져 서해와 동해에 흐릅니다. 동한 난류의 흐름을 보면 동해안을 따라 북쪽으로 흐르는 것과 포항 앞바다에서 울릉도와 독도를 돌아 일본으로 흐르거나 바로 일본 연안 해류 쪽으로 가는 흐름이 있어요. 해류는 바람과 염분, 수온에 영향을 받기 때문에 계절에 따라 한반도 주변의 해류 흐름이 조금은 변해요. 하지만 대체적인 흐름은 앞서 설명한 것과 같이 흐릅니다.

바위를 타고 일본으로 건너갔다는 것을 지질학적으로 해석해 볼수도 있어요. 2천 3백만 년 전 신생대(약 6,600만 년에서 현재까지를 이르는 지질 시대)에 일본 열도는 섬이 아니라 대륙에 붙어 있었어요. 그러니까 이때는 한반도 옆에 일본 열도가 붙어 있었다는 거지요.

그러다가 시간이 지나면서 한반도가 속한 유라시아판과 일본이속한 태평양판이 조금씩 멀어져 거대한 호수가 생겼습니다. 그때는동해가 바다가 아니라 호수였답니다! 그렇게 대륙에서 점점 멀어진일본 열도는 1만 년 전 빙하기가 끝나고 해수면이 올라와 한반도 사이의 육지가 해수면 아래에 잠기면서 섬이 되었어요. 처음부터 일본이 섬나라 즉 열도였던 게 아니랍니다. 1만 년 전 빙하기가 끝이 나면서 해수면이 올라와 한반도와 일본 사이에 바다가 생겨서 섬이 된겁니다.

다시 말해, 연오랑과 세오녀가 바위를 타고 이동했듯이 일본 열도도판 위에서 이동해 대륙에서 멀어졌어요. 물론 이러한 지질학적인 사실을 토대로 전설이 만들어지진 않았어요. 아마도 신라 사람들이 일본으로 건너간 것이 전설로 발전했을 가능성이 크지요. 하지만 지질학적 해석과 전설이 일치한다는 것이 흥미롭지 않나요?

해와 달이 힘을 잃는다는 것은 어떤 의미일까요?

해와 달이 힘을 잃는다는 것을 우선 역사적인 관점에서 살펴볼까요? 이 말의 의미는 연오랑과 세오녀의 이름과 관련해 유추해 볼 수 있어요. 동아시아 지역에서 까마귀는 태양을 상징하는데, 연오랑과 세오녀 이름에 있는 '오(烏)'도 까마귀를 뜻해요. 신라에서 연오랑과 세오녀가 떠난 뒤 해와 달이 힘을 잃었다는 것은 그들이 태양처럼 위대한 인물이었음을 상징적으로 나타낸다고 볼 수 있어요. 따라서 연오랑세오녀의 신화도 삼족오 전설의 일종으로 해석되기도 해요. 이 이야기도 중국뿐 아니라 우리나라와 일본을 포함한 동아시아 지역에 흔히 있는 '태양에 관련된 전설'의 일종으로 볼 수 있다는 것이지요. 동아시아 지역에서는 까마귀를 태양과 관련지어 생각하는 경우가 많았다는 겁니다.

이제 과학적으로도 해석해 볼까요? 해가 힘을 잃는 천문 현상으로는 '일식'을 이야기해요. 우리나라는 고대부터 천문 관측 기술이 뛰어난 편이었어요. 『삼국사기』에도 일식 현상을 관측한 기록들이 있지요. 신라에서는 기원전 54년인 혁거세 4년부터 연오랑세오녀 설화를 포함해 59건의 일식 기록이 남아 있어요.

물론 역사서에 기록이 있다고 해서 실제로 일식을 관측한 기록이라고 믿을 수는 없어요. 역사서의 일식 기록과 실제 일식이 일치할 때만 일식을 관측한 것으로 추정할 수 있지요. 이렇게 해서 실제 일식이 일어난 기록들을 조사해 보면 흥미로운 것을 알게 돼요. 바로 어디서 일식을 관측했는지 장소를 알아볼 수 있다는 거예요.

어떻게 장소를 알 수 있는지를 알기 위해 우선 일식과 월식에 대해 좀 더 알아볼게요. 일식이나 월식처럼 한 천체가 다른 천체를 가리는

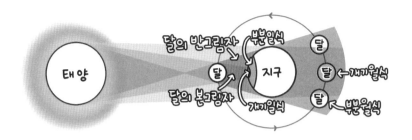

📖 태양과 달 지구 위치에 따른 일식

현상을 '식(蝕)'이라고 해요. 식이라는 한자를 보면 '좀 먹다'는 의미를 가져요. 마치 달이 해를 먹어 들어가는 것처럼 보인다는 의미입니다. 달이 해를 모두 가리면 '개기 일식(皆旣日蝕)'이라고 부르고, 일부만 가리면 '부분 일식'이라고 해요. 개기 일식은 '달이 해를 전부 먹어 버렸다'는 의미로 전체가 가려졌다는 뜻입니다.

일식은 태양-달-지구(삭)의 순서가 되면서 달이 태양 빛을 가리는 현상이고, 월식은 태양-지구-달(망)의 순서로 배열되어 달이 지구 그림자 속으로 들어가서 달빛이 가려지는 현상입니다. 즉 삭과 망의 위치일 때 일식과 월식이 일어나요.

그런데 천체의 순서가 이렇게 되어도 매번 월식과 일식이 일어나지는 않아요. 보통 지구-달-태양의 순서가 되는 삭일 때는 달을 볼 수 없을 뿐 태양이 가려지지는 않아요. 마찬가지로 달-지구-태양의 순서가 되는 망에서는 보름달을 볼 수 있어요.

즉 일식과 월식은 자주 일어나지 않아요. 이는 달의 공전 궤도면

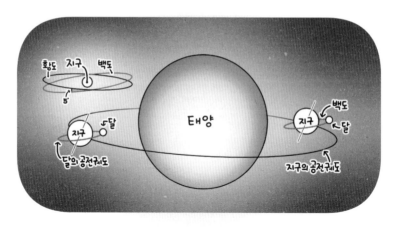

📖 삭과 망일 때의 위치와 백도, 황도

인 백도와 지구의 공전 궤도면인 황도가 약 5° 기울어져 있기 때문입니다.

지구, 달, 태양 사이에 또 한 가지 재미있는 우연의 일치가 있어요. 지구에서 보면 태양과 달이 비슷한 크기로 보인다는 거예요. 이는 태양이 달보다 무려 400배나 크지만 지구에서 보면 달보다 400배나 멀리 있기 때문입니다. 그래서 태양과 달, 지구가 공전하다 보면 위치에 따라 개기 일식이나 부분 일식, 금환 일식(달이 태양을 완전히 가리지 못한 채 가장자리를 남겨 두어 태양이 금가락지처럼 보이는 현상)을 만들어 내게 됩니다. 달이 아주 작았다면 항상 부분 일식밖에 볼 수 없었을 겁니다. 달이 너무 작아서 태양을 다 가리지 못하니까요.

월식이 일어나면 밤인 지역에서는 모두 월식을 관측할 수 있어요. 하지만 일식은 월식과 달리 발생한 지역이 좁아요. 일식은 달그림자가 지나가는 일부 지역에서만 관측할 수 있기 때문에 일식을 관측한 기록을 보면 그것이 어느 지역에서 관측한 것인지 알 수 있다는 겁니다. 『삼국사기』에 나온 신라의 관측 기록을 조사해 봤더니 크게 두 지역으로 나누어졌어요. 신라 초기에는 중국의 양쯔강 유역이고 후대에는 한반도 남부 즉 가야나 신라 지역에서 이뤄졌어요. 이것은 신라가 중국과 교역이 활발했던 것으로 추측할 수 있는 대목입니다.

한편 다른 기록들은 보면 일식이나 월식이 있었다는 식으로 기록되어 있어요. 그런데 연오랑과 세오녀 이야기에서는 해와 달이 광채를 잃었다는 식으로 표현되었지요. 이것은 큰 인물이 일본으로 건너 갔다는 것을 상징적으로 표현한 것으로 볼 수 있습니다.

사이언스 토크

후쿠시마 오염수 방출과 해류

2011년 발생한 동일본 대지진으로 인해 후쿠시마 제1 원자력 발전소는 막대한 피해를 입었어요. 노심 용융(멜트다운)으로 인해 노출된 핵연료를 식히기 위해 계속 물을 공급했고 이로 인해 많은 양의 방사능 오염수가 생겨났지요. 지금까지 생긴 방사능 오염수는 후쿠시마 원자력 발전소에 있는 1000여 개의 탱크에 보관되어 있었어요. 하지만 일본 정부는 원전 해체를 위한 시설을 건설하고 보관의 안전성 문제로 인해 2023년 8월부터 오염수를 태평양에 방류하고 있습니다. 이로 인해 우리나라를 비롯해 중국과 태평양 주변국들이 거세게 반발하고 있어요. 물론 일본 정부에서는 국제원자력기구(IAEA)의 승인을 받아 진행하고 있으므로 안전상 문제가 없다고 주장하고 있어요. 거대한 바다에 희석되면 별문제 없을 거라는 것이지요. 하지만 주변국과 일부 과학자들은 방사성 물질의 특성상 오랜 시간 동안 바닷물에 남아 있게 되므로 문제가 될 수 있다고 보고 있어요. 특히 일본 앞바다에 방류한다고 하더라도 해류를 따라서 우리나라를 비롯한 주변국뿐 아니라 태평양 전체로 퍼져 나갈 수 있어 주변국이 반발하는 겁니다. 쿠로시오 해류가 북태평양 해류로 이어진 캘리포니아 해류와 북적도 해류를 거쳐 태평양 전체를 순환하기 때문입니다.

04

폴리네시아는 바다에서 건져 올린 땅이라고?

뉴질랜드를 건져 올린 마우이

마우이는 먹을 것이 부족할 만큼 가난한 집안에 태어났어요. 어머니는 갓 태어난 마우이를 머리카락으로 만든 바구니에 담아서 바다에 버리고 말지요. 바다의 신 랑기는 갈매기와 파리에게 공격받는 마우이를 구조해 키운답니다. 이렇게 하여 마우이는 인간으로 태어났으나 신이 키워낸 반인반신(半人半神)으로 성장하게 됩니다.

어른이 된 뒤 고향으로 돌아온 마우이는 마을 사람들과 생활했어요. 마을에서 살기에는 불편한 점이 많았어요. 하늘이 너무 낮아 허리를 구부리고 생활해야 했지요. 이를 보고 마우이는 몸에 마법의 힘을 지닌 타투를 새기고 하늘을 들어 올리기 시작해요. 처음에는 나무 높이만큼 들어 올렸고 다음에는 산꼭대기까지 들어 올렸지요. 마지막에는 지금의 하늘 높이만큼 들어 올려 사람들이 편하게 살 수 있도록 했어요.

또한 마우이는 너무 빨리 움직이는 태양을 붙잡았어요. 태양이 너무 빨리 움직여서 세상은 어두웠고 사람들이 농사를 짓거나 낚시하는 등 생활을 제대로 할 수 없었기 때문입니다. 마우이는 태양을 잡아서 천천히 돌겠다는 약속을 받고 풀어 주었어요.

어느 날에는 마법의 힘이 있는 조상의 턱뼈로 만든 낚싯바늘로 낚시를 했어요. 이때 엄청나게 무거운 것이 끌려 올라왔지요. 그것이 바로 뉴질랜드의 북섬입니다. 뉴질랜드의 북섬은 마우이가 낚아 올린 물고기란 뜻으로 '테 이카 아 마우이(마우이의 물고기)'라고 부른답니다. 마지막으로 마우이는 인간들을 영생하게 만들려고 죽음의 여신 몸속으로 들어갔다가 죽고 말았습니다.

남태평양에 있는 폴리네시아 전설에 대해 들어 본 적이 있나요? 아마 이름도 생소하게 들리겠지만 여러분은 이미 그 전설의 주인공 이름을 만나 봤을지 모릅니다. 인기 애니메이션 영화 〈모아나〉에 등장한 영웅 마우이가 그 주인공이거든요. 이 애니메이션은 폴리네시아에서 전해 오는 전설을 바탕으로 합니다. 마우이의 전설은 폴리네시아 지역의 자연환경과 밀접한 연관을 맺고 있어요. 그렇다면 마우이의 전설 속에는 어떤 과학 내용이 들어 있을까요?

바다 밑에서 솟아오른 폴리네시아

아무리 마우이가 가진 낚싯바늘에 마법의 힘이 있다고 해도 낚시를 하러 바다에 던진 바늘에 섬이 걸려서 올라왔다는 이야기는 너무 황당하게 들리지요. 하지만 폴리네시아 지역에 사는 사람들의 삶을 생각해 보면 이러한 상상이 참 흥미롭게 다가옵니다. 이곳에 사는 사람들의 삶은 바다와 떼려야 뗄 수 없거든요. 이들은 어업으로 식량을 얻었고, 바다와 함께 살아갔어요. 그들에게 바다는 필요한 모든 것을 얻는 곳이었습니다. 그래서인지 바다에서 물고기만 낚아 올리는 것이 아니라 그들이 살고 있는 땅도 건져 올렸다고 생각했어요. 흥미로운 사실은 낚시라는 표현만 다를 뿐 실제로 폴리네시아 지역이 바닷속에서 탄생한 지역이라는 겁니다.

폴리네시아는 하와이와 뉴질랜드, 이스터섬을 꼭짓점으로 한 태평양의 중앙과 남부 지역을 아우르는 말입니다. 이 지역에는 섬이 많은데 '폴리네시아'라는 명칭도 '많다'는 뜻의 그리스어 '폴리'와 고대

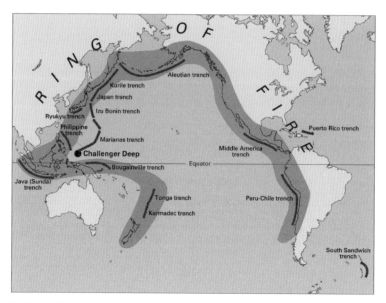

▌ 불의 고리 　　　　　　　출처: 미국 내무부 지질조사국/미국 지질조사국(USGS)

그리스어로 '섬들'을 뜻하는 '네시아'가 합쳐져서 만든 이름이에요. 이 지역에 무려 천 개 이상 되는 섬 집단이 있다고 합니다.

　남태평양에 있는 섬 중에는 해저에서 솟아오른 것들이 많습니다. 단, 뉴질랜드는 판의 이동으로 생겨났어요. 원래는 남극, 남아메리카, 아프리카 등과 함께 붙어 있다가 판이 이동하면서 분리되어 떨어져 나왔어요. 하지만 하와이를 비롯한 화산섬들은 해저에 있는 화산이 폭발해서 바닷속에서 솟아났어요. 그러니 폴리네시아 지형이 바닷속에서 건져 올렸다는 표현도 크게 틀리지는 않지요.

　또한 폴리네시아의 화산 지역들은 '불의 고리'라고 불리는 태평양의 판의 경계에 해당해요. 지도를 보면 태평양을 둘러싸고 있는 지역 전체가 지진과 화산 활동이 활발해 불의 고리라고 불리는 겁니다. '판의 경계'는 판과 판이 만나서 지진이나 화산 활동이 활발한 지역입니다.

판 구조론에 따르면 지각은 몇 개의 거대한 판으로 되어 있어요. 이 이론에 따르면 판이 이동하면서 충돌하거나 멀어지는 판의 경계에서 지진이나 화산이 많이 발생한다고 여겨요. 폴리네시아의 화산 지역에 조그만 섬들이 모여 있는 것도 판의 경계에서 생긴 화산 활동으로 섬들이 만들어졌기 때문이라는 겁니다. 특이하게 하와이는 판의 경계가 아니지만 화산 활동으로 생긴 섬입니다. 열점이라고 불리는 해저 마그마 분출 지점에서 생긴 섬이지요.

폴리네시아 지역의 원주민은 인도네시아와 필리핀을 거쳐 아시아에서 이주해 온 사람들입니다. 애니메이션 〈모아나〉에서 본 것처럼 카누를 타고 섬에서 섬으로 이동하면서 거주지를 넓혀 왔을 거라고 보고 있어요.

마우이는 어떻게 하늘을 밀어 올렸을까요?

✦

신화에서 마우이가 한 영웅적인 업적 중에서 가장 큰 것을 꼽으라면 바로 하늘을 들어 올린 겁니다. 마우이가 하늘을 들어 올리기 전에는 하늘의 높이가 낮아서 사람들이 제대로 다니지도 못할 정도였다고 해요. 그것을 마우이가 들어 올려서 지금처럼 하늘이 높아진 거

지요.

여기서 하늘의 높이라는 것은 구름이 생기는 높이를 말한답니다. 옛날에는 구름의 정체를 제대로 몰랐고 구름 위의 세상이 바로 지상과 구별되는 신들의 세계라고 여겼기 때문입니다. 화산섬이 많은 폴리네시아에서 이러한 전설이 생긴 것도 충분히 환경의 영향을 받은 것이라고 할 수 있어요.

섬은 바다로 둘러싸여 있어서 항상 습도가 높습니다. 습도가 높은 공기가 경사가 급한 화산섬의 산비탈을 타고 공기가 상승하면 쉽게 구름이 만들어질 수 있어요. 습도가 높은 공기일수록 응결 고도가 낮아서 산을 타고 올라가는 공기에 의한 구름의 모습을 보기 쉬운 거지요. 또한 급격하게 상승하는 공기로 인해 적운형 구름이 많이 생겨요. 적운형 구름은 여름철에 공기가 활발하게 상승할 때 많이 볼 수 있어요. 폴리네시아의 화산섬 지형은 습한 공기가 활발하게 상승할

적운

수 있는 조건이 갖추어져 산에 걸리는 구름이나 적운형 구름을 흔히 볼 수 있어요.

사실 안개와 구름은 같은 겁니다. 구름이 지면에 있는 것을 안개라고 불러요. 등산하는 도중 구름 속으로 들어가면 마치 안개 낀 것 같은 느낌이 드는데 안개와 구름이 같은 것이기 때문입니다. 아마 하늘을 밀어 올렸다는 것은 상승하는 구름의 모습을 보고 만든 신화일 겁니다. 마우이가 아니라도 누구나 상승하는 구름을 따라 올라가면서 들어 올리는 시늉만 하면 하늘을 들 수 있는 거지요.

하늘을 들어 올렸다고 표현했을 때 들어 올려야 하는 것은 구름뿐입니다. 기체 상태인 공기는 자유롭게 운동하므로 들어 올릴 필요가 없어요. 들어 올려야 하는 것은 공기보다 무거운 즉 중력에 의해 낙하하는 물체인 구름만 들어 올리면 됩니다.

구름의 크기는 매우 다양해요. 수백 톤에서 수백만 톤에 이르는 물이 우리가 보는 구름 속에 들어 있어요. 이렇게 무거운 구름 덩어리를 떠받들고 있는 것은 마우이가 아니라 실제로는 상승 기류입니다. 지면이 태양 복사선에 의해 가열되면 온도가 올라가고 기온이 높은 공기가 만들어집니다. 기온이 높은 공기는 밀도가 낮아 하늘로 상승하게 되지요. 이 상승 기류에 의해 구름은 하강하지 않고 하늘에 떠 있게 되는 겁니다.

무거운 구름을 공기 중에 띄우려면 매우 강한 상승 기류가 필요할 것 같지만 그렇지는 않아요. 우리가 분무기로 물을 뿌려 보면 작은 물방울들이 매우 천천히 떨어지는 것을 볼 수 있어요. 작은 물방울은 공기 저항을 받아 매우 천천히 낙하해요. 천천히 떨어지는 물방울은 낙하하다가 작은 상승 기류라도 만나면 다시 올라와요. 상승 기류가 없어지면 다시 천천히 내려오지요.

이렇게 물방울들은 올라갔다 내려갔다 하는 과정을 반복하지만 입자가 하도 작아서 멀리 떨어진 지상에서 구름은 보면 가만히 있는 것처럼 보일 뿐입니다. 구름이 평온하게 하늘을 둥둥 떠다니는 것처럼 보이지만 그 속의 물방울들은 나름 바쁘게 운동하고 있어요. 그러다가 물방울끼리 충돌해 합쳐져서 크기가 커지면 더 무거워져서 낙하 속도가 더 빨라져 비가 되어 떨어지게 됩니다.

대기 중에 있는 모든 수증기가 동시에 비가 되어 내린다면 지구 전체에 약 2.6cm 강수량을 보일 겁니다. 이것은 『구약성경』에 나온 노아의 대홍수처럼 지구 전체가 물속에 잠기기에는 턱없이 부족한 양이지만, 그렇다고 그 양을 무시하면 안 됩니다. 만일 그만큼의 구름을 들어 올려야 하는 마우이 입장에서는 엄청난 양입니다. 질량으로 계산한다면 무려 13조 톤이나 되니까요. 물론 이 정도는 들어 올려야 신의 능력이라고 불리겠지요?

폭염을 만드는 열섬과 열돔 현상

열섬과 열돔이 발생하면 기온이 상승한다는 측면에서 보면 비슷해요. 하지만 열섬은 도시에서 발생하는 지역적인 현상이지만 열돔은 우리나라 전 지역이 포함될 만큼 넓은 지역에서 발생하기도 해요. 열섬은 도시 지역이 주변보다 기온이 높은 현상이에요. 열섬은 도심에서 사용하는 에어컨이나 차량의 배기가스에서 방출되는 열로 인해 생겨요. 또한 높은 건물이 밀집된 지역에서는 바람이 막혀 공기 순환이 잘 일어나지 않아 열이 섬처럼 갇히게 되어 도심에 열섬 현상이 잘 일어나요. 서울처럼 대도시나 대구처럼 분지형 도시에서 열섬 현상을 자주 볼 수 있어요.

열돔 현상은 고온 건조한 고기압이 고온 다습한 고기압에 막혀서 한 장소에 오래 머물게 되면 그 지역의 기온이 올라가는 현상이에요. 우리나라에서는 티베트 지역에서 발생하는 고기압이 북태평양 고기압에 막혀 정체되었을 때 발생해요. 2023년 북반구에 폭염이 자주 발생했던 것도 열돔 현상에 의한 것이라고 해요. 열돔 현상이 일어나면 평소 기온보다 높아서 기온이 무려 50℃에 가까운 살인적인 더위를 몰고 올 수 있어요.

05

날씨를 내 맘대로! 비, 바람, 구름을 다스리는 환웅

신화 이야기

옛날 환인(桓因)의 아들 환웅(桓雄)이 있었어요. 환웅은 항상 인간 세상에 관심이 많았어요. 이러한 아들의 뜻을 안 환인이 태백산을 내려다보니 인간 세계가 널리 이롭게 할 만했기에 환웅에게 천부인(天符印) 세 개를 주어 인간 세상을 다스리게 하였습니다. 환웅은 풍백(風伯)·우사(雨師)·운사(雲師)와 신하 3천 명을 거느리고 태백산 꼭대기 신단수 아래로 내려와 신시(神市)를 세웠어요. 환웅은 곡식·수명·질병·형벌·선악 등 360가지 일을

072

맡아서 인간 세계를 다스렸어요.

어느 날 곰과 호랑이가 찾아와 환웅에게 사람이 되고 싶다고 간청했어요. 환웅은 쑥과 마늘을 주면서 이것을 먹고 백 일 동안 햇빛을 보지 않는다면 사람이 될 것이라고 알려 주었어요. 호랑이는 도중에 포기하였으나 곰은 동굴에서 쑥과 마늘만 먹은 지 21일 만에 여자(웅녀)가 되었어요. 웅녀는 아기를 낳고 싶다고 빌었으나 혼인할 상대가 없었어요. 환웅이 웅녀와 혼인하여 아들을 낳으니 그가 바로 단군왕검(檀君王儉)입니다. 단군은 태백산에 나라를 세우고 조선이라 불렀답니다.

신화가 다른 나라에만 있는 건 아닙니다. 우리나라에도 신화가 있습니다. 제일 유명한 것이 바로 단군 신화이지요. 단군 신화는 우리나라의 건국 신화로 대단히 의미 있는 신화입니다. 역사학자들은 단군 신화가 단순한 신화라고 생각하지 않습니다. 바로 우리나라 최초의 국가인 고조선의 건국과 밀접한 관련이 있다고 여깁니다. 이 단군 신화를 과학적인 측면에서 본다면 어떻게 해석할 수 있을까요?

단군 신화에 담긴 비, 바람, 구름의 기상학

◆

단군 신화는 우리 민족 최초의 국가인 고조선 건국에 대한 이야기를 담고 있어요. 고조선을 건국한 단군왕검 이야기가 오랜 세월 전해지는 동안에 신화의 형태로 바뀐 겁니다. 그래서 단군 신화는 단순히 신들의 이야기를 다루는 다른 민족의 신화와는 조금 달라요. 역사학자들은 단군 신화를 통해 고조선의 건국에 대한 것을 추론할 수 있다고 여깁니다.

단군 신화는 일연의 『삼국유사』를 비롯해 이승휴의 『제왕운기(帝王韻紀, 1287)』, 권근의 『응제시주(應製詩註, 1462)』 등의 역사서에 실려 있어요. 이러한 기록으로 미루어 볼 때 단군 신화는 단순한 신화가 아니라 사실의 기록 즉 역사로 봐야 한다는 것이 역사학적 관점입니다. 즉 역사적인 사실을 기초로 하여 단군 신화가 만들어졌다고 보는 겁니다. 그렇다면 단군 신화를 어떻게 해석할 수 있을지 한번 생각해 볼까요?

신화에서 환웅이 하늘에서 내려왔다는 것은 아마도 북쪽에서 내려온 이주민을 의미하는 것으로 보입니다. 또한 환웅이 하늘에서 내려올 때 풍백(바람을 주관하는 신), 우사(비를 맡은 신), 운사(구름을 맡은 신)와 함께 신하 3천 명을 거느리고 왔다는 대목은 고조선이 농경 기반 사회였다는 것을 의미합니다. 하늘에서 여러 가지 능력을 가진 신하들이 있을 텐데 하필 바람과 비와 구름을 다스리는 신하를 데려온 것은 농사에 중요한 바람, 비, 구름으로 도움을 주려 했다는 뜻으로 볼 수 있는 거지요.

농사를 지을 때 제일 중요한 것은 가뭄이나 홍수가 생기지 않아야 한다는 겁니다. 그래서 환웅은 비를 관장하는 관리를 데려와야 했을 겁니다. 그런데 바람과 구름을 관장하는 관리는 농사에 어떤 도움을 주는 걸까요?

가을 수확기가 되면 태풍이 올라오곤 합니다. 태풍은 모든 걸 휩쓸어 버리는 강력한 바람이지요. 우리나라는 초여름에서 초가

▌단군의 초상화

을까지 태풍이 올라올 가능성이 있어요. 사람들은 애써 지은 농사를 한 번에 망칠 수 있는 위력을 지닌 태풍이 부디 오지 않기를 간절히 바랐을 것입니다. 그러니 당연히 바람을 관장하는 능력이 반드시 필요했지요.

바람은 그 외에도 많은 것을 해줍니다. 우선 벼가 맺히는 데 필요합니다. 벼도 꽃이 피고 수정되어야 열매인 씨앗이 생깁니다. 수술의 꽃가루를 암술로 이동시키는 것을 수분(가루받이)이라고 해요. 곤충이나 바람이 이 역할을 합니다. 벼는 바람을 타고 수분이 이루어지는 풍매화입니다.

사실 바람이 불고 비가 내리고 구름이 생기는 것은 서로 연관되어

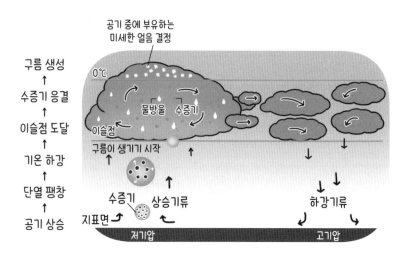

공기 중에 부유하는
미세한 얼음 결정

구름 생성

수증기 응결

이슬점 도달

기온 하강

단열 팽창

공기 상승

0℃

물방울 수증기

이슬점

구름이 생기기 시작

수증기 상승기류

지표면

하강기류

저기압 고기압

📖 기압과 구름의 원리

있어요. 태양의 복사 에너지에 의해 지표면이 가열되면 공기의 밀도
가 낮아져 상승 기류가 생겨요. 공기가 상승하게 되면 주변보다 기압
이 낮아지므로 그 지역은 저기압이 됩니다.

바람은 주변의 고기압에서 저기압으로 불게 됩니다. 또한 상승하
는 공기는 응결 고도에 다다르면 구름이 됩니다. 공기 덩어리는 상승
하면서 팽창해요. 고도가 높아지면 기압이 낮아져 팽창하게 되는 것
이지요. 상승하는 공기 덩어리는 단열 팽창(열의 출입 없이 팽창하는
현상)으로 인해 기온이 내려가고 이슬점(수증기가 응결되는 온도)에 도
달하면 구름이 형성됩니다. 이렇게 공기 덩어리가 구름이 되는 높이
를 응결 고도라고 해요. 구름이 생겼다고 비가 내리는 것은 아니고
구름 속 입자들이 뭉쳐서 커지면 비가 되어 내려요. 이처럼 바람과

비와 구름은 각각 따로 생기는 것이 아니라 서로 연관된 기상 현상이 랍니다. 옛날에는 이러한 사실을 몰랐으니 비와 바람, 구름을 관장하 는 신하를 따로 데리고 다녔다고 이야기한 것이지요.

곰만 미션에 성공한 과학적인 이유
◆

단군 신화에서는 곰과 호랑이가 환웅을 찾아와서 인간이 되고 싶 다고 비는 내용이 나옵니다. 환웅은 이들의 청을 듣고 쑥 한 자루와 마늘 스무 쪽을 주면서 100일 동안 햇빛을 보지 않으면 사람이 될 것 이라고 말하지요. 실제로 곰과 호랑이가 무엇을 먹고 어떠한 노력을 한다 해도 사람이 될 수는 없습니다. 아마도 단군 신화 속에 나오는 곰과 호랑이는 백두산 일대에 살고 있던 곰을 숭배하던 웅족과 호랑 이를 숭배하던 호족을 상징하는 것으로 해석할 수 있을 거예요.

고대에는 동물을 숭배하는 토템 사상이 일반적이었어요. 그러니 곰과 호랑이를 숭배하는 부족이 각각 곰과 호랑이로 단군 신화에 등 장한 거지요. 여기서 곰만 웅녀가 되었다는 것은 이주민과 웅족이 서 로 연합해 고조선을 건국했다고 볼 수 있을 겁니다. 하지만 이 책에 서는 곧이곧대로 따져서 곰과 마늘 이야기를 해보기로 해요.

곰과 호랑이에게 주어진 미션은 바로 이것입니다. 인간이 되기 위 해서는 쑥과 마늘만 먹고 동굴에서 100일을 견뎌야 하지요. 애초에 이러한 고행은 호랑이보다는 곰에게 유리해요. 완전히 육식만 하는 호랑이와 달리 곰은 잡식성 동물이기 때문입니다. '고기도 먹어 본 사람이 먹는다'는 이야기처럼 식물을 먹어 본 곰이 마늘과 쑥을 먹기 나았을 겁니다. 또 곰은 겨울이 되면 동면하는 습성이 있으니 여차하면 쑥과 마늘을 안 먹고 그냥 견딜 수도 있으니까요.

흥미로운 것은 마늘이 우리나라 토종 식물이 아니라는 겁니다. 쑥은 고조선 시대에도 있었지만 마늘은 중앙아시아가 원산지라서 아직 고조선에 전해지지 않았을 가능성이 커요. 그래서 단군 신화의 마늘이 사실은 마늘이 아니라 마늘과 비슷한 알싸한 맛을 내는 달래라는 이야기도 있답니다.

이제 미션에 성공한 곰이 사람이 되었다는 이야기를 해볼게요. 현재 지구상에 존재하는 모든 동물은 진화를 거쳐서 등장했어요. 38억 년 전쯤에 등장한 공통 조상, 현존하는 모든 생물의 공통 조상에서 갈라져 나온 수많은 후손이 현재의 생물들입니다.

모든 생물의 공통 조상을 '루카(LUCA, Last Universal Common Ancestor)'라고 불러요. 루카에서 진화를 통해 생물이 갈라져 새로운 종이 나타나게 되었어요. 과학자들은 분자생물학 기술을 이용해 생물의 DNA를 조사한 결과, 그렇게 추측하고 있어요. 그 이유로는 지구상에 있는 모든 생물은 DNA라고 하는 동일한 유전 물질을 가지고 있다는 걸 들 수 있어요.

생물이 가진 유전 정보인 유전자가 DNA 가닥에 담겨 있습니다. 지구상에 있는 그 많은 생물들이 모두 DNA를 가지고 있다는 것은 공통 조상에게서 갈라져 나왔다고 볼 수밖에 없다는 겁니다.

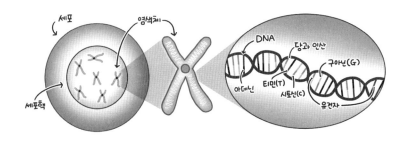

▌염색체와 DNA 구조

　조상으로부터 자손에게 형태나 성질 같은 형질(생김새나 모양과 같이 생물이 가지고 있는 특성)이 전해지는 데 그것을 '유전'이라고 합니다. 그런데 생물은 환경이 변하면 환경에 적응하면서 몸의 형태와 구조에 변화가 생겨요. 이것을 '진화'라고 해요. 유전과 진화를 통해 공통 조상으로부터 이렇게 다양한 생물들이 갈라져 탄생하게 됩니다. 화석을 보면 생물의 모습이 오랜 시간 동안 어떻게 변해 왔는지 알수 있어요.

　또한 생물의 DNA를 조사하면 생물 사이의 관계를 알 수 있어요. 곰과 생쥐를 한번 비교해 볼까요? 단군 신화에서 우리는 곰의 자손이라고 표현하지만 사실 곰과 생쥐를 비교하면 인간은 생쥐와 공통점이 더 많아요.

　곰과 호랑이, 개는 식육목이라는 동물군으로 분류되는데, 이 동물군은 인간과 약 8천 5백만 년 전의 공통 조상으로부터 갈라져 나왔어요. 반면 생쥐와 같은 설치류는 인간과 약 7천 5백만 년 전에 갈라졌지요. 따라서 족보를 따진다면 생쥐가 곰보다 우리에게 더 가까운 친척이라는 겁니다. 생쥐가 인간과 유전적으로 비슷한 점이 많아서 실험동물로 많이 사용되는 겁니다.

흥미로운 것 하나만 더 이야기하자면 박쥐는 쥐와 비슷할 것 같지만 유전적으로는 곰과 더 가까워요. 어쨌건 우리가 가진 유전자의 많은 부분은 생쥐나 곰과 공유하고 있다는 거예요.

요즘에는 DNA로 잃어버린 가족을 찾기도 하고 나의 조상이 누구인지도 알아볼 수 있어요. 침 속에 있는 DNA를 분석해 보면 간단하게 알 수 있지요. 예전에는 족보 책을 보고 우리의 조상을 찾았다면 이제는 DNA 속에 담겨 있는 정보를 통해 여러분의 조상이 중앙아시아에서 왔는지 또는 중국이나 일본, 동남아 등에서 왔는지 알 수 있답니다. 물론 우리의 조상이 어디로 이동했는지도 알 수 있지요.

인간의 힘으로 날씨를 변화시키다!

단군 신화에서 보듯 날씨는 신의 영역이라고 여겼어요. 하지만 과학 기술의 발달로 인간은 날씨가 변화하는 원인을 알아내었고 이제 날씨를 원하는 대로 바꾸기 위한 연구도 진행하고 있어요. 이를 '기상 조절 기술'이라고 부릅니다. 인간이 날씨에 변화를 주는 데는 의도적인 것과 비의도적인 것이 있어요. 비의도적인 것은 환경 오염으로 인한 날씨 변화가 있지요.

의도적인 기상 조절 기술로 널리 알려진 것으로는 '인공 강우'가 있어요. 보통 가뭄이나 미세먼지를 줄이기 위해 인공적으로 비나 눈을 내리게 하는 것을 말하지요. 2008년 베이징 올림픽 때 개막식에 비가 내리는 것을 막기 위해 다른 지역에 비를 내리게 만든 것도 인공 강우 기술을 활용한 겁니다. 인공 강우의 원리는 간단해요. 구름 속에 있는 수증기가 응결하여 물방울이 커질 수 있도록 응결핵을 뿌려서 비가 내리도록 만드는 겁니다. 응결핵이 있으면 과포화 상태의 수증기가 응결핵에 붙어서 얼음 조각으로 커지고 이것이 눈이나 비가 되어 내리게 됩니다.

2022년에 강원도와 경북 지역에 산불이 났을 때도 인공 강우 기술을 활용하자는 이야기가 나왔지요. 정부에서는 2008년부터 예산을 투입해 실험하고 있지만 아직까지 현장에서 사용하기는 어려워요. 인공 강우는 공기 중에 수증기가 충분할 때 비를 내리게 하는 기술이에요. 대기가 건조한 상태에서는 비를 내리게 할 수 없어 아직까지 산불을 끄기는 어렵답니다.

Part 02

신화 속 영웅과 괴물들은 모두 특별한 능력이 있다

불가능을 가능으로 만드는 영웅들과
무시무시한 괴물의 능력에 담긴
기상천외한 과학

신화 속에는 '저 제상 능력'을 가진 수많은 영웅이 등장해요. 반신반인 영웅부터 인간과 동물이 한 몸인 인물까지 모습도 아주 다양하지요. 원래부터 그렇게 태어난 신이나 반신반인 의 영웅도 있지만, 신에게서 받은 능력이나 아이템 덕분에 능력이 향상되기도 해요. 페르세우스도 아테나 여신이 준 아이템이 있었기 때문에 메두사의 목을 자를 수 있었지요. 신이 준 물건들은 한결같이 예사롭지 않은 능력을 지니고 있 어요. 신이 준 물건이니 그 속에 어떤 능력이든 담길 수 있겠 지요.

하지만 더 놀랍고 흥미로운 것은 신화 속 다양한 능력, 혹은 아이템을 이제는 과학 기술의 힘으로 만들 수 있다는 거예 요. 만일 고대인들이 비행기를 본다면 그것을 신의 능력과 구분하기는 어렵겠지요? 오늘날 우리는 신의 도움이 없어 도 청동 거인을 움직일 수 있고 구름을 타지 않아도 하늘을

날 수 있어요. 마법의 거울 없이도 저 멀리 떨어진 곳을 내다 볼 수 있으며 화살과 칼을 막아 낼 갑옷도 만들 수 있어요. 영화 〈어벤저스〉에서 신 토르와 대등한 능력으로 겨룰 수 있는 인간 아이언맨이 등장한 것도 순전히 과학 기술 덕분이 지요. 아이언맨은 과학 기술의 힘으로 신과 견줄 수 있을 능 력을 보여 주었어요. 물론 영화 속이니까 가능한 일들도 있 지만 과거에는 신의 능력 혹은 상상으로만 가능할 법한 일들 이 현대에 등장한 많은 기술들로 실현되고 있는 것입니다. 그러나 그 옛날, 날고 싶었고 강해지고 싶었고 빠르게 달리 고 싶었던 인간의 욕망은 신화에서나 가능했어요. 수많은 영웅의 능력과 아이템을 통해서 말이지요. 그렇다면 영웅들 이 가진 능력에는 어떤 과학적 비밀이 숨겨져 있을까요?

토르의 친구, 헤임달은 어디까지 보고 들을 수 있을까?

신화 이야기

신들의 왕인 오딘이 바닷가를 거닐다가 아름다운 여신 9명을 만났어요. 그들은 바다의 신 에기르의 딸들이며, 아홉 종류의 파도를 관장하는 여신들이었어요. 오딘은 9명의 여신과 사랑을 나누었고 9명의 여신은 합쳐서 한 명의 자식을 낳았어요. 그가 바로 헤임달입니다.

헤임달은 100마일까지 볼 수 있는 시력과 언덕에서 풀이 자라는 소리까지 들을 수 있는 청력을 지녔어요. 이 헤임달에게

맡겨진 사명은 무지개다리 비프로스트를 지키는 파수꾼이었어요. 비프로스트는 신들의 세계인 아스가르드와 인간의 세계인 미드가르드를 잇는 유일한 통로였지요.

헤임달은 비프로스트 끝자락인 히민뵤르크에 살며 비프로스트를 통해 미드가르드에서 거인들이 쳐들어오는 것을 감시했어요. 만일 비프로스트를 통해 거인들이 쳐들어오면 뿔나팔 걀라르호른을 불어요. 그러면 그 소리가 9개의 세계 전역으로 퍼져 나간답니다.

영화 〈토르〉를 보면 토르의 고향이자 신들이 사는 땅인 아스가르드가 나옵니다. 천둥의 신 토르나 아스가르드는 북유럽 신화에 등장합니다. 이 중에서 오늘은 아스가르드를 지키는 파수꾼 헤임달 이야기를 할까 합니다. 영화에서 헤임달은 무지개다리인 비프로스트를 지키는 파수꾼으로 나오는데, 신화에서도 마찬가지랍니다. 그렇다면 북유럽 신화 속 헤임달과 비프로스트에는 어떤 과학적인 내용이 들어 있을까요?

토르와 북유럽 신화에 영감을 받은
수많은 콘텐츠

◆

할리우드의 영화 〈토르〉를 접하기 전까지 북유럽 신화는 여러분이 친숙하게 접해 보지 않았을 겁니다. 하지만 영화 〈토르〉 시리즈와 토르가 나오는 마블 영화들이 흥행하면서 북유럽 신화에 대한 관심도 높아졌습니다. 북유럽 신화를 소재로 한 다양한 영화나 드라마들이 제작되었고, 이제는 그 속의 인물들이 낯설지 않게 느껴지지요.

북유럽 신화에서 소재를 가져온 작품으로는 영화 〈토르〉 시리즈 외에도 일본 만화이자 애니메이션 〈진격의 거인(Attack on Titan)〉도 유명합니다. 거인과 인간의 대결을 그리는 이 애니메이션에는 '유미르'라는 시조 거인이 등장하는데, 북유럽 신화에 나오는 태초의 거인 이름이 바로 위미르(Ymir)입니다. 신화에서도 위미르는 태고의 존재로 나오며, 오딘의 삼형제가 거인을 죽인 후 시체를 찢어서 거인의 살은 땅, 피는 태양, 뼈는 구릉으로 만들었다고 해요. 만화 〈진격의 거인〉은 처음에는 정체를 알 수 없는 거인과 인간의 싸움으로 그려지다가 후반부로 갈수록 신화적인 상상력과 형이상학적 내용이 더해져 점점 철학적인 색채를 띠는 수작으로 평가받습니다.

북유럽 신화는 많은 예술가들에게 영감을 주었습니다. 독일 작곡가 바그너의 음악극 〈니벨룽겐의 반지(Der Ring des Nibelungen, 1874)〉도 북유럽 신화를 바탕으로 하고 있어요. 4부로 된 이 악극은 바그너가 무려 26년에 걸쳐 심혈을 기울여 작곡했어요. 전곡을

📖 니벨룽의 반지 속 지그프리트(시귀르)가 브룬힐드(브륀힐드)를 깨우는 장면, 북유럽 신화의 한 장면이기도 하다, 1892년의 판화

다 들으려면 무려 14시간가량이 필요한 대작입니다. 영화로도 제작되어 전 세계적인 인기를 끈 톨킨의 소설 『반지의 제왕(The Lord of the Rings, 1955)』도 용과 마법사가 등장하는 북유럽 신화를 모티브로 한 작품이랍니다. 마찬가지로 주인공이 거인이나 용과 싸운다는 내용을 다루는 소설 『베오울프(Beowulf)』도 북유럽 신화와 관련이 있어요. 이 소설은 고대 영어로 된 북유럽 배경의 영웅 서사시로 영문학 연구의 중요한 자료로 평가받고 있어요. 이 소설 역시 영화 〈베오울프〉로 제작되었습니다.

이렇게 많은 작품에 영감을 준 북유럽 신화는 스칸디나비아와 북부 유럽에 전해져 오는 신화로, '노르드 신화(Norse mythology)'라

9개의 세계를 연결하는
나무 '세계수'

고도 말해요. 북유럽 신화에 따르면 세계는 9개로 구성되어 있으며
세계의 중심에 태어난 나무인 세계수 이그드라실에 의해 서로 연결
되어 있어요. 영화 〈토르〉를 본 사람들이라면 9개의 세계 중 오딘
과 토르가 살고 있는 아스가르드와 인간이 살고 있는 지구인 미드가
르드는 아마도 익숙한 명칭일 겁니다. 이그드라실에 의해 세상에 연
결되어 있다는 생각은 영화 〈아바타〉에서도 볼 수 있어요. 판도라
행성의 모든 생명체는 아이와라는 거대한 나무의 네트워크에 연결
되어 있어요.

북유럽 신화는 '라그나로크(Ragnarǫk)'로 세상이 멸망한다는 다
소 암울한 세계관을 가지고 있어요. 라그나로크라는 말은 영화 〈토

📖 <파멸할 운명의 신들의 싸움> 프리드리히 빌헬름 하이네의 그림, 1882년

르: 라그나로크>에도 나오지요. 이 말은 흔히 '신들의 황혼'이라고
번역하며 성경에서 이야기하는 아마겟돈(선과 악의 세력이 싸우는 최후
의 전쟁터)과 비슷해요. 신과 세상의 종말이 어떻게 다가오는지 예언
하는 내용이 담겨 있어요. 북유럽 신화에서는 신족과 거인족이 최후
의 결전으로 인해 주요한 신들은 모두 죽고 세상이 멸망한다고 해요.

파도의 종류는 정말 아홉 가지일까요?

북유럽 신화에는 아홉 종류의 파도를 관장하는 여신이 나옵니다.
이 여신들의 아들이 바로 무지개다리 비프로스트를 지키는 파수꾼,
헤임달이지요. 파도가 아홉 종류나 있다고 나오는 건 그만큼 북유럽

이 바다 생활과 관련이 많다는 것을 보여 주는 대목이기도 해요.

북 게르만족 노르드인들은 배를 타고 거친 바다를 항해하며 약탈을 하거나 교역을 해왔습니다. 이들이 바로 '바이킹'입니다. 바이킹들은 바다의 다양한 모습을 보며 풍부한 해상 경험을 쌓았어요. 이런 경험을 바탕으로 아홉 가지 종류의 파도를 생각해냈고 아홉 명의 요정을 연결 지었을 겁니다. 서양의 해안 지역 마을에서 생긴 '아홉 파도 뒤에는 반드시 큰 파도가 온다'는 속담도 이와 관련이 있어요. 그렇다면 정말로 이들이 묘사한 것처럼 파도의 종류가 아홉 가지일까요?

우선 파도는 대부분 바람에 의해 만들어집니다. 이를 '풍랑'이라고 해요. 바람이 만들어 낸 파도라는 뜻입니다. 먼 바다에서 바람이 불어 탄생한 풍랑은 생성 지역을 벗어나면서 완만한 모양의 너울이 되어 퍼져 나가요. 바람의 세기가 세고 지속 시간이 길면 강한 풍랑이 형성되어 해안에 엄청난 크기로 몰려오기도 해요.

해안에서 보면 파도가 일정한 방향에서 오는 것은 아니에요. 여러 방향에서 오는데, 그 이유는 발생한 지역이 서로 다르기 때문입니다. 이렇게 여러 개의 파도가 오다 보면 서로 겹치기도 해요. 파동의 일종인 파도는 겹치면 서로 간섭을 일으켜요.

간섭은 두 개 이상의 파동이 겹쳐서 진폭이 커지거나 줄어드는 현상입니다. 간섭에는 보강 간섭과 상쇄 간섭이 있어요. 보강 간섭은 파동이 중첩되었을 때 진폭이 커지는 현상이에요. 파도가 겹쳐서 더 큰 파도가 되는 것이 보강 간섭이랍니다. 잔잔한 해안에서 갑자기 큰

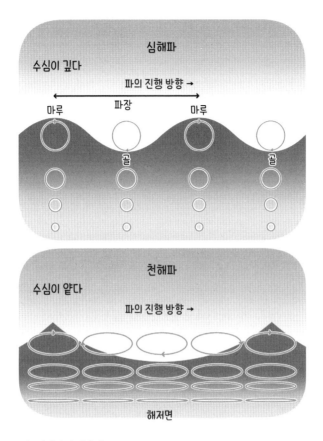

심해파

수심이 깊다

파의 진행 방향 →

파장

마루 마루

골 골

천해파

수심이 얕다

파의 진행 방향 →

해저면

천해파와 심해파

파도가 생기는 것이 이 때문입니다. 반대로 파동이 중첩되어 진폭이
작아지는 것을 상쇄 간섭이라고 해요. 파도가 겹쳐져서 더 작은 파도
가 되는 현상이지요. 다시 말해, 아홉 개의 파도가 온 뒤에 반드시 큰
파도가 오는 것은 아니라는 것입니다. 많은 파도가 겹치다가 그중 보
강 간섭이 일어날 경우에만 갑자기 커지는 것뿐입니다.

파도는 파장(마루에서 마루 또는 골에서 골까지 거리)과 수심을 기준으로 천해파와 심해파로 분류하는 것이 일반적이에요. 9가지 파도는 여러 가지 모양의 파도를 어떻게 분류하는지 몰랐던 사람들이 단지 모양을 보고 나눈 것이에요. 천해파는 얕은 바다에서 생기는 파도에요. 심해파는 파도의 파장에 비해 수심이 충분히 깊은 경우에 생기는 파도랍니다. 물론 이러한 파도 외에도 쓰나미와 같은 지진 해일도 생깁니다. 이렇게 다양한 파도가 생기다 보니 옛날에는 신이 이것을 조종한다고 믿었을 겁니다.

무지개다리 비프로스트의 실체를 찾아서

신화 속 무지개다리인 비프로스트는 불과 물과 공기로 만들어졌다고 해요. 비프로스트는 거인이나 신이 건너다닐 수 있는 다리 역할을 해요. 하지만 진짜 무지개는 건너기는커녕 손으로 잡으려 해도 잡을 수조차 없답니다. 그렇다면 실제 무지개의 정체는 무엇일까요?

진짜 무지개는 빛과 물로 만들어져요. 빛이 물방울 속으로 들어가서 반사와 굴절하는 과정에서 만들어지지요. 무지개는 해를 등져야 볼 수 있어요. 등 뒤쪽에 뜬 태양으로부터 나온 빛이 관찰자의 앞에 있는 물방울 속으로 들어갔다가 빠져나올 때 무지개가 생기기 때문입니다. 빛이 물방울 속으로 들어갈 때 굴절이 일어납니다. 굴절된 빛이 물방울 내부에서 반사된 후 물방울 밖으로 빠져나올 때 다시 굴절이 일어나요. 즉 두 번의 굴절과 한 번의 반사에 의해 무지개가 만들어져요.

여기서 중요한 것은 빛의 파장에 따라 굴절률이 다르다는 겁니다. 빛(백색광)은 여러 파장의 빛이 섞여 있어요. 파장이 짧은 파란색은 굴절이 많이 일어나고 파장이 긴 빨간색은 파란색에 비해 굴절이 적게 일어나요. 그래서 굴절이 일어나는 동안 두 빛의 경로가 달라져 빛이 나누어지는 무지개가 생기는 겁니다. 무지개처럼 백색광이 나누어지는 것을 스펙트럼이라고 불러요. 무지개를 자세히 보면 바깥쪽이 붉은색이고 안쪽의 고리로 오면서 빨주노초파남보의 색으로 보여요.

그런데 사실 무지개를 보다 보면 7가지 색을 관찰하기는 어려워요. 실제로 무지개색이 7가지인 것이 아니라 아마도 뉴턴은 기독교에서 세상을 만든 기간이라고 말하는 '천지창조(天地創造)'의 기간이 7일이었다는 종교적인 이유로 무지개를 7가지 색으로 구분했을 가능성이 커요. 그래서 무지개색이 7가지로 알려진 것이랍니다. 이처럼 실제 무지개의 정체는 프리즘을 통과한 빛처럼 광학 현상일 뿐이니 다리 역할을 할 수는 없을 거예요. 하지만 분명 눈에 보이지만 만질 수 있는 물체는 아니라서 환상처럼 느껴지기도 해요.

마치 레이더 같은 헤임달의 시력과 청력

◆

헤임달이 파수꾼으로 적임자인 이유는 밤낮으로 100마일까지 볼 수 있는 시력과 언덕에서 풀이 자라는 소리까지 들을 수 있는 청력을 가졌기 때문입니다. 100마일은 약 160km 거리이므로 매우 멀리까지 볼 수 있지요. 그런데 여기서 중요한 것은 그저 본다는 것이 아니라, 얼마나 자세히 보느냐가 중요하답니다.

달을 예로 들어 볼게요. 달까지 거리는 38만km이지만 시력이 나쁜 사람조차도 달을 볼 수 있어요. 중요한 것은 달을 얼마나 자세하게 볼 수 있는지예요. 사람의 맨눈으로는 달에서 어둡게 보이는 지역인 '달의 바다'처럼 커다란 무늬 정도만 볼 수 있어요. 하지만 망원경을 사용하면 작은 운석 구덩이까지도 볼 수 있어요. 헤임달의 시력이 뛰어나다면 아마 이 정도까지는 볼 수 있어야 될 거예요. 그리고 눈으로 이만큼 볼 수 있으려면 분해능과 집광력이 뛰어나야 해요.

'분해능이 좋다'는 것은 먼 거리에서도 서로 가까이 있는 두 물체를 구분해내는 능력이 뛰어나다는 뜻이에요. 또한 빛을 밤낮으로 잘 볼 수 있다는 것은 빛을 모으는 능력인 집광력이 뛰어남을 의미해요. 어두운 곳은 빛의 양이 부족해서 잘 보이지 않는데 헤임달은 어두운 밤에도 잘 보았다면 아마 헤임달의 눈은 집광력이 뛰어났을 거예요. 아마도 헤임달은 망원경 같은 눈을 가지고 있나 봅니다. 망원경 같은 눈을 가지려면 수정체가 커야 합니다. 즉 눈의 크기가 커야 되지요. 대구경 망원경이 멀리 떨어진 천체를 관찰할 수 있듯이 헤임달이 커

갈라르호른을 들고 있는 헤임달

다란 눈을 가지고 있다면 밤낮으로 물체를 더 잘 볼 수 있어요. 물론 눈의 크기 외에도 망막에 시각 세포가 더 조밀하게 분포해 있다면 물체를 보는 데 많은 도움이 될 겁니다.

헤임달의 시력보다 더 놀라운 것은 청력입니다. 그의 뛰어난 청력을 묘사하는 표현으로 풀이 자라는 소리와 양털이 자라는 소리도 들을 수 있다고 나와 있지요. 차라리 풀이나 양털이 바람에 서로 스치는 소리라면 놀랍지 않아요. 하지만 풀이나 양털이 자라는 소리는 신의 능력이 아니고서는 듣기가 불가능하답니다. 왜냐하면 풀이나 양털이 소리를 만들 만큼 빠르게 자라지 못하기 때문이에요. 소리라는 것은 물체의 진동으로 생긴 공기의 압력이 사방으로 퍼져 나가는 겁니다. 그런데 풀이나 털이 자랄 때 생긴 변화로는 주변 공기에 압력을 만들어 내지 못합니다. 그래서 소리가 나지 않지요.

동물마다 들을 수 있는 소리의 영역은 달라요. 동물이 진화하면서 생존에 필요한 듣기 영역의 능력이 결정된다는 것이에요. 생존하는 데 도움이 된다면 들을 필요가 있겠지만 별 도움이 안 된다면 듣지 못하게 되는 것이랍니다. 우리가 저주파나 초음파를 듣지 못하는 것도 그것을 듣는 능력이 생존에 크게 도움이 되지 않기 때문입니다.

반면 빛이 거의 없는 밤에 비행하며 나방을 잡아야 하는 박쥐에게는 초음파를 듣는 능력은 먹이를 잡는 능력과 직결되므로 매우 중요합니다. 오히려 너무 작은 소리까지 듣게 되면 생존에 더욱 힘들 수 있어요. 너무 많은 소음에 시달려야 할 테니까요. 수많은 소음을 견뎌 내고 그 속에서 필요한 정보만 가려내는 것을 보면 역시 헤임달도 신의 능력을 가지고 있다고 해야겠네요.

사이언스 토크

다양한 분야에서 활약하는 레이더

만일 전투에서 적의 공격을 미리 알 수 있다면 이를 효과적으로 물리칠 수 있겠죠? 그러기에 레이더(RADAR, Radio Detecting And Ranging)는 현대 전쟁에서 빼놓을 수 없는 중요한 장치입니다. 레이더는 전파를 이용해 물체까지의 위치와 속도를 판별해 내지요. 레이더에서 전파를 발사해서 물체에 반사되어 돌아오는 데 걸린 시간을 측정한 후 거리를 계산하면 물체의 위치를 알 수 있어요. 그래서 적의 미사일이나 항공기를 추적하는 데 레이더를 사용합니다. 레이더는 일기 예보에도 쓰여요. 구름이나 대기 중에 있는 물방울을 관찰하는 데 사용하는 레이더를 기상 레이더라고 해요. 구름이나 물방울에 전파가 반사되거나 산란되는 것을 관찰해 일기 예보에 활용하는 겁니다.

또한 '라이다(LiDar, Light Detection And Ranging)'라는 장치도 있는데, 이것은 레이저를 이용해 도로에서 자동차의 속력을 측정하거나 야구장에서 야구공의 속력을 측정하는 장비입니다. 전파 대신 빛의 일종인 레이저를 사용하기 때문에 라이다라고 부르지요.

한편 해저의 깊이를 측정하는 음향측심기(echo-sounder)는 음파가 해저에 반사되어 오는 것을 측정하여 바다의 깊이를 알아내는데, 전파가 아니라 음파를 사용한다는 점만 다를 뿐 레이더와 비슷한 장비랍니다.

02

원조 손오공 하누만의
신통술에 담긴 과학

원숭이 신 하누만

하누만은 바람의 신 바유(바유는 영적 아버지일 뿐이고 실제 아버지는 케사리라고 하기도 하며, 시바 신의 화신이라는 이야기도 있다)와 아프사라스족(서양의 요정에 해당하는 종족) 안자나 사이에서 태어났습니다. 어느 날 어린 하누만은 태양을 맛있는 과일이라고 생각하고 입에 넣어 버려요. 태양이 사라지자 인드라(신들의 왕으로 불리기도 하며, 제우스나 토르와 비슷한 신)는 번개로 하누만을 죽이고 태양을 다시 꺼냅니다. 하누만이 죽은 것에 화

가 난 바유가 세상의 공기를 모두 거둬들이자 지상의 생물들이
고통을 받았어요. 이에 놀란 신들은 다시 하누만을 소생시킨답
니다. 하누만은 다시 살아났지만 인드라의 번개에 맞은 탓에 턱
에는 상처가 남게 됩니다.

하누만은 자라서 수그리바 왕이 다스리는 원숭이 왕국 바나
라의 장군이 됩니다. 수그리바가 형제인 발리에게 쫓겨나 숨
어 살고 있을 때 코살라 왕국의 왕인 라마(라마찬드라라고 부르
며, 힌두교 최고의 신인 비슈누의 현신이라고 한다)를 만납니다. 라
마는 발리를 죽여 수그리바가 왕위를 되찾도록 도와줍니다. 그
에 대한 보답으로 하누만이 라마의 부인을 찾는 일을 돕습니다.
라마의 부인 시타는 라크샤사(불교에서 나찰로 불리며, 사람을 괴
롭히는 종족)의 왕 라바나가 납치해 스리랑카로 도망간 상태였
어요. 하누만은 라바나가 납치한 시타를 찾기 위해 스리랑카로
날아갑니다. 몸의 크기를 자유자재로 바꿀 수 있는 능력이 있는
하누만은 몸을 엄청나게 거대하게 만들거나 벌레처럼 작게 줄
일 수도 있었어요. 하누만은 단 한 번 도약해서 인도에서 스리
랑카로 건너가 시타가 납치된 것을 확인해요. 그리고 시타를 되
찾기 위한 라바나와의 전쟁이 벌어졌고 하누만은 라마 군에서
활약했어요. 힘이 장사인 하누만은 라마의 병사들이 부상을 당
하자 히말라야 산으로 날아가서 약초가 있는 카일라스 산봉우
리를 잘라서 들고 돌아옵니다. 카일리스 산의 약초로 라마 군사
들을 치료해 전쟁은 라마의 승리로 끝이 나지요.

라마와 시타는 전쟁에 참여한 이들에게 선물을 하사하려 해요. 하지만 하누만은 라마가 영원히 자신 마음속에 있으니 선물은 없어도 괜찮다며 이를 거부해요. 하누만은 자신의 가슴을 찢어 그 안에 있는 라마와 시타의 형상을 보여 줬어요. 하누만의 가슴 속에 들어 있는 형상을 본 라마는 크게 감동하여 그에게 불사의 축복을 주었어요.

오늘날 세계적으로 널리 알려진 동양의 판타지 영웅 캐릭터를 꼽으라고 한다면 많은 사람들이 아마 손오공을 떠올릴 거예요. 손오공은 중국 명나라 때 오승은이 쓴『서유기』속의 주인공입니다. 그런데 인도 신화 하누만의 이야기를 들어 보면 손오공과 너무나 비슷하게 느껴지는 부분이 있어요. 아마도 하누만의 이야기가 중국으로 전해져 설화의 형태로 떠돌던 것을 오승은이 소설로 꾸몄을 가능성이 큽니다. 만일 그렇다면 손오공의 원조가 바로 하누만이라고 볼 수도 있을 거예요. 하누만의 신통술이 과연 손오공만큼이나 대단한지 한번 살펴볼까요?

사라진 공기는 어디로 갔을까요?

◆

하누마트(Hanumat)라고도 불리는 하누만은 인도 신화에서 등장하는 원숭이 모습을 한 신입니다. 하누만은 힌두교의 대서사시『라마야나』에서 매우 중요한 역할을 하는 영웅으로 인도나 태국 등지에서는 매우 인기 있는 신이라고 해요. 그래서 이 지역에 가면 하누만을 모시는 사원이나 조각상도 많이 볼 수 있어요.

하누만의 모습이나 능력을 보면 떠오르는 인물이 있을 겁니다. 바로 중국 고전 소설『서유기』의 주인공 손오공입니다. 하누만과 손오

라마와 시타, 원숭이 신 하누만 그리고 라마의 세 형제 락슈마나, 바라타, 샤트루그나.
라자 라비 바르마의 작품

공은 모습이 원숭이라는 것도 닮았지만 몸의 크기를 바꾼다거나 순식간에 이동하는 등 다양한 능력도 매우 닮았지요. 이런 점 때문일까요? 『서유기』는 명나라의 소설가 오승은이 중국에서 전해 내려오는 이야기를 장편 소설로 쓴 것이지만 아마도 하누만의 이야기가 불교를 타고 중국으로 전해지면서 영향을 주었다고 보는 견해가 많습니다. 물론 하누만과 손오공은 별개의 인물로 보는 견해도 있어요. 두 캐릭터의 성격이 다르며, 각각 힌두교와 불교를 배경으로 하는 등의 차이도 많기 때문입니다.

영웅 하누만은 어린 시절부터 남달랐던 것 같습니다. 하늘의 태양을 과일로 착각해 삼켰다가 번개를 맞고 죽은 것을 보면 알 수 있어요. 하누만이 죽은 것에 화가 난 바유가 공기를 모두 거둬들였다고 나오는데, 신화에서처럼 지구의 공기가 사라질 수도 있을까요?

지구의 공기 즉 대기는 78%의 질소와 21%의 산소 그리고 아르곤이나 이산화탄소와 같은 가스들로 이뤄져 있어요. 항상 숨 쉴 수 있는 공기가 있으니 당연히 지구는 처음부터 변하지 않는 공기층이 있었으리라고 여기기 쉬워요. 하지만 지구의 대기가 처음부터 이러한 성분으로 구성된 것은 아닙니다.

46억 년 전 태양과 함께 태양계의 행성이 탄생했어요. 지구가 탄생할 당시의 지구 대기는 주로 수소, 헬륨, 메탄과 같은 기체로 되어 있었어요. 이것을 1차 대기라고 하는데, 지구가 탄생할 때 태양계에 있던 성분들이 함께 모여서 형성된 겁니다. 1차 대기는 지금의 대기 성분과 전혀 달라요. 1차 대기는 태양이 활동을 시작하고 태양풍(태양에서 방출되는 전기를 띤 입자의 흐름)이 불면서 지구 대기에서 토성이나 목성 쪽으로 날아갑니다.

현재 태양계 내 행성의 대기를 비교해 보면 지구와 비슷한 곳은 없습니다. 이것은 지금의 대기는 지구에서 생성되었기 때문입니다. 1차 대기가 밀려난 자리에는 화산이 폭발할 때 방출된 화산 가스로 채워졌어요. 이것을 2차 대기라고 해요. 2차 대기에는 수증기와 이산화탄소, 질소가 많았어요. 지구의 온도가 내려가면서 수증기는 비가 되어 바다가 되었고, 대기에는 이산화탄소가 가득했어요. 질소는 다른 물질과 잘 반응하지 않는 안정된 기체로 화산 분출이 일어나면서 계속 지구 대기에 쌓여 갔지요.

그렇다면 가득했던 이산화탄소는 어디로 갔을까요? 이산화탄소는 지구의 광물과 결합해 암석 속으로 들어갔습니다. 암석이 이산화탄소를 붙잡아 두지 않았다면 지구는 두꺼운 이산화탄소 대기를 가진 금성처럼 온실 효과가 일어나 불지옥이 되었을 거예요. 또한 이산화탄소는 광합성 과정을 통해 생물의 몸과 에너지원으로 사용되었고, 광합성을 하면서 산소가 방출되었어요.

약 40억 년 전 지구에 바다가 생성되었지만 아직도 대기에는 산소가 별로 없었어요. 38억 년 전 최초의 생명체가 지구의 바다에 등장하고, 24억 년 전 남세균(시아노박테리아)이 광합성을 하면서 대기에 산소가 폭발적으로 늘어나게 됩니다. 지구 대기에 있는 이 많은 양의 산소는 남세균과 같은 광합성 생물이 만들어 낸 것이에요.

정리하자면, 대기는 땅 위에 있으니 처음부터 지구에 있었던 것 같지만, 사실은 모두 땅속에서 나왔어요. 바유가 대기를 모두 거둬들였다면 이건 땅속과 바다 속으로 다시 대기를 흡수했다는 것으로 해석할 수 있을 것 같습니다.

약초가 병을 치료할 수 있을까요?

◆

신화에서는 카일리스 산을 들고 온 하누만 덕분에 병사들이 병을 치료할 수 있었다고 해요. 카일리스 산은 세상 중앙에 있는 신성한 산이라는 의미에서 수미산(須彌山)이라고도 불렸어요. 신화 속 이야기니 영웅 하누만이 약초를 일일이 캐는 것이 아니라 카일리스 산을 뚝 잘라 가지고 왔다는 묘사도 나올 수 있을 겁니다. 그렇다면 카일리스 산의 약초처럼 약초가 사람의 병을 치료하는 데 효과가 있을까요?

신화뿐 아니라 설화에도 약초로 병을 치료했다는 이야기가 종종 나옵니다. 오늘날처럼 의학이 발달하지 않았을 때는 약초로 병을 치료하는 일이 종종 있었어요. 약초가 모든 병을 낫게 해주는 것은 아니지만 특정한 병에는 효험이 있는 경우도 있었기 때문이지요. 약초 속에 들어 있는 알칼리성 유기물인 알칼로이드(alkaloid)를 비롯한 각종 성분이 강력한 생리 효과를 보인 거지요. 이렇게 질병에 효험이 있는 성분을 지닌 식물을 '약용 식물'이라고 해요. 이러한 약용 식물의 효과는 주술사들의 비밀스러운 술법으로 전해지거나 의사들이 의학 책으로 적어 후대에 전해졌어요.

퀴닌 성분을 가진
키나 나무 속

신화에 약초로 병을 치료했다는 내용이 나온다는 건 고대부터 병을 치료하는 데 식물을 많이 사용했다는 것을 나타냅니다. 동서양을 막론하고 현대 의학이 등장하기 전까지는 민간에서 전해져 오는 전통 의학에 의존할 수밖에 없었어요. 이 시기에는 질병을 치료하기 위해 그 지역에 자생하는 식물을 사용했어요.

그렇다면 현대 의학이 등장하면서 전통적인 치료법은 모두 사라졌을까요? 효험이 없는 것들은 사라졌지만 약용 성분이 있는 것들은 살아남았어요. 오히려 지금도 그 약용 식물 속에 들어 있는 물질을 찾기 위해 많은 노력을 기울이고 있지요.

제약 산업에서는 약초처럼 의약품으로 사용되는 물질을 '생약'이라고 부르며, 천연물 의약품이라고도 해요. 생약으로는 식물이나 동물뿐 아니라 놀랍게도 광물도 해당됩니다. 생약은 부작용이 적어서 일반 의약품으로 분류되어 의사의 처방전 없이도 구입할 수 있어요.

생약의 성분 중에서 약효가 있는 성분을 따로 분리해 약으로 만들기도 해요. 그중에서 가장 유명한 것이 바로 말라리아 치료제인 퀴닌입니다. 말라리아는 가장 많은 인류를 죽인 무시무시한 죽음의 질병이에요. 그런데 이 말라리아를 치료할 수 있는 성분이 바로 키나 나무의 퀴닌입니다. 1820년 프랑스의 한 연구자가 키나 나무껍질에서 퀴닌 성분을 분리해 냈지요.

또 다른 말라리아 치료제는 개똥쑥입니다. 중국의 약리학자인 투유유는 개똥쑥 속에 들어 있는 아르테미시닌 성분을 분리해내는 데 성공해요. 투유유는 아르테미시닌으로 말라리아 치료에 도움을 준 공로로 2015년 노벨 생리의학상을 수상해요.

자연에는 이미 알려져 있거나 아직 알려지지 않은 많은 물질이 인류의 질병 치료에 도움을 줄 수 있어요. 과학자들이 자연에 있는 천연 물질을 연구하는 이유는 또 있어요. 인체가 자연에서 접촉하면서 천연 물질에 적응해서 화학 합성 물질에 비해 독성이 있을 가능성이 적다는 겁니다. 이런 이유로 천연 물질을 연구하는 겁니다. 하지만 이것을 합성으로 새롭게 만든 물질이 더 위험하다는 것으로 오해해서는 안 됩니다. 새롭게 만든 물질은 아직 우리가 알지 못하는 위험이 있을 수는 있지만 그것이 더 위험하다는 뜻은 아닙니다.

하누만처럼 몸이 커지거나 줄어들 수 있을까요?

◆

신화에서 하누만은 몸을 크게 만들거나 줄이는 능력이 있다고 나와요. 실제로 몸의 크기를 크게 하거나 줄이는 것이 가능할까요? 마치 복어가 자기 몸을 키우는 것처럼 몸 안으로 공기를 가득 집어넣으면 몸의 크기를 늘리는 것이 가능해요. 단 그렇게 하면 몸에서 배만 커지고 몸의 나머지 부분은 그대로이므로 복어처럼 둥근 모양에 작은 팔다리가 붙어 있는 형태가 될 겁니다.

우리 주변에서 물체의 크기가 변하는 예는 열팽창이 있어요. 열팽창은 온도가 올라갈 때 물체가 팽창하는 현상이에요. 철도 선로 사이에 틈이 있는 것은 여름에 열팽창으로 인해 선로가 휘어져 기차가 탈선하는 것을 막기 위한 것이에요. 또한 겨울에는 기온이 내려가면 수

축해서 선로가 끊어질수도 있어요. 이를 방지하기 위해 선로에 틈을 두는 것이랍니다. 하누만도 자신의 체온을 올려서 몸의 크기를 크게 할 수는 있어요. 문제는 이렇게 해서 커지는 건 아주 작은 변화라서 눈으로 봐도 별로 표시가 나지 않는다는 거예요.

또 다른 방법으로는 분자 사이의 거리를 멀어지게 만드는 겁니다. 바로 물질의 상태 변화를 이용하는 거지요. 분자는 물질의 화학적 성질을 유지하는 가장 작은 입자를 말해요. 분자들은 서로 결합해서 일정한 범위 사이에서 거리를 유지하고 있어요. 만일 분자 사이에 있는 인력(서로 끌어당기는 힘)을 벗어나게 되면 물체가 분해되어 다른 상태가 되는데 이것을 '상태 변화'라고 해요.

고체에서 기체가 되는 상태 변화를 하면 부피가 천 배 이상 커질 수 있어요. 문제는 기체 상태가 되면 일정한 형태를 유지할 수 없다는 겁니다. 기체 분자는 공기 중에 자유롭게 날아다니기 때문입니다. 하누만이 대단한 능력을 가진 신이라면 자신의 몸을 구성하는 분자들을 하나하나 통제할 수 있어서 기체 형태로도 자신의 모습을 유지할 수 있어야 거대한 몸으로 변할 수 있을 거예요.

그렇다면 반대로 작게 변하는 것도 분자나 원자 사이의 결합 거리를 줄이면 되지 않을까요? 원리는 간단하게 보이지만 사실 이게 거의 불가능하답니다. 분자나 원자는 일정 거리를 유지하면서 결합되는 것이므로 거리가 가까워지면 서로 미는 힘이 작용해서 더 이상 가까워지지 않기 때문입니다. 높은 압력으로 억지로 가깝게 만들어 버리면 융합해 다른 원자가 되어 버리거나 분자 구조가 바뀌어 다른 물질이 되어 버립니다. 그러니 하누만이 이 방법으로 몸의 크기를 줄인다면 더 이상 하누만이 아닌 다른 존재가 되어 버리는 겁니다. 이처럼 물리 법칙으로 따져 본다면 하누만이 자신의 크기를 변화시켜도 얻을 수 있는 이득은 별로 없을 것 같네요.

우리의 몸속에 사는 미생물

우리의 몸에는 몸을 구성하는 세포의 수보다 많은 수의 미생물이 살고 있어요. 사실 우리 몸은 다양한 미생물이 거주하는 공동생활 구역인 셈이에요. 이렇게 우리 몸에 살고 있는 미생물을 '인체 마이크로바이옴(microbiome)' 또는 '마이크로바이옴'이라고 해요. 우리 몸에 살고 있는 마이크로바이옴은 주로 세균이지만 바이러스나 곰팡이도 있어요. 참으로 다양한 생물의 집합체가 우리 몸이라고 할 수 있어요. 마이크로바이옴이라는 용어는 생소하겠지만 아마 프로바이오틱스(Probiotics)라는 말은 들어 봤을 거예요. 프로바이오틱스도 마이크로바이옴의 일종이지요. 유산균 음료에 많이 나오는 말인데 유산균 음료를 먹으면 몸에 이로운 미생물인 프로바이오틱스를 공급할 수 있다는 의미로 쓰이지요. 이처럼 우리 몸에는 많은 미생물이 있어서 이들과 잘 협조해서 살아가야 해요. 이들의 균형이 깨지면 각종 질병에 걸릴 수 있어요. 최근에는 마이크로바이옴을 이용해 암을 치료하는 연구도 진행 중이랍니다.

03
영웅은 왜 굴이 알에서 태어날까?

주몽 신화

신화 이야기

부여의 금와왕이 태백산 남쪽 우발수를 지나다가 하백의 딸 유화를 만났습니다. 유화는 금와왕에게 "저는 하백의 딸로 동생들과 놀러 나왔다가 천제의 아들 해모수를 만나 웅신산 아래 압록강에서 사랑을 나누었어요. 그 후 해모수는 돌아오지 않았고, 부모의 중매 없이 혼인한 죄로 강가로 귀양 가게 되었어요." 라고 말합니다. 금와는 유화를 수상히 여겨 방에 가두었는데 방 안으로 햇빛이 비쳐 들었어요. 유화가 몸을 피해도 햇빛이 따라와 비추었고 이에 잉태하여 알을 하나 낳았어요. 알 크기가 다섯 되나 되었어요. 금와는 알을 기이하게 여겨 내다 버리게 합니다. 버려진 알을 짐승들이 먹지 않았고, 오히려 보호해 주었어요. 금와가 알을 깨트리려 해도 깨지지 않자 다시 유화에게 돌려주었어요. 유화는 알을 따뜻한 곳에 두니 아이가 스스로 알을 깨고 나왔습니다.

유화가 낳은 아이는 기골이 영특하고 활을 잘 쏘았기 때문에 '주몽'이라 불렸습니다. 주몽은 금와의 일곱 아들들보다 능력이 뛰어나서 시기를 받았습니다. 맏아들 대소가 왕에게 주몽을 없애자고 했지만 왕은 주몽을 없애지 않고 주몽에게 말을 기르도록 했어요. 주몽은 좋은 말에게 일부러 먹이를 적게 주어 여위게 만들었지요. 왕은 여윈 말을 주몽에게 주어 주몽은 준마를 받을 수 있었어요.

유화는 왕자들과 신하들이 주몽을 죽일 것을 알고 주몽에게 떠나라고 했어요. 주몽이 벗들과 떠나자 이들의 뒤를 군사들이 뒤쫓았습니다. 주몽 일행은 서둘러 말을 타고 갔지만 길을 가로막는 강을 만나게 됩니다. 주몽은 강가에 이르러 "나는 천제의 아들이요, 하백의 손자다. 오늘 도망치고 있는데 뒤쫓는 자가 따라오니 어찌하겠는가?"라고 외쳤습니다. 이에 물고기와 자라가 다리를 놓아 주어 주몽 일행은 강을 건널 수 있게 됩니다. 주몽은 졸본주에 이르러 도읍을 정하고 미처 궁궐을 짓지 못해 초가집을 짓고 고구려라는 국호를 정했습니다.

우리나라의 신화를 이야기하면 제일 먼저 단군 신화를 떠올릴 것입니다. 하지만 단군 신화만큼 인기 있는 신화가 또 있습니다. 바로 주몽 신화입니다. 주몽 신화는 단군 신화처럼 나라를 세운 시조(始祖)에 대한 이야기 즉 건국 신화입니다. 건국 신화도 창조 신화만큼 시조를 신과 가깝게 묘사합니다. 고구려의 시조 주몽은 태어나는 것부터 남달랐고 시기와 질투를 받으면서도 한 나라를 세울 만큼 대단한 능력이 있었다는 것입니다. 그렇다면 주몽 신화에는 어떤 놀라운 이야기가 있을까요?

사람이 알에서 태어나지 않는 이유

고구려의 시조뿐 아니라 우리나라의 신화에는 알에서 태어난 인물이 많아요. 고구려의 고주몽뿐 아니라 신라의 박혁거세와 석탈해, 김알지 그리고 가야의 김수로왕이 신화에 따르면 모두 알에서 태어나서 왕이 된 인물들입니다. 이렇게 왕에 대한 난생(卵生) 신화가 많은 것은 왕이 될 만한 인물이라는 것을 상징적으로 보여 주기 위한 겁니다. 다시 말해 이들은 탄생부터 남달랐다는 거지요. 특히 난생 신화에서 알의 둥근 모양은 태양 즉 하늘을 상징해요. 주몽 신화에서

도 햇빛이 유화 부인을 따라다녔다
는 대목에서 주몽이 하늘의 기운을
받아서 태어났다는 것을 의미합니
다. 또한 주몽의 출중한 외모나 능
력을 통해 그가 하늘의 기운을 받
아서 태어난 인물임을 보여 줘요.

　희대의 영웅들이 알에서 태어났다는
설정은 그만큼 알에서 사람이 태어난다는 것이 기이한 일임을 나타
냅니다. 우리가 잘 알고 있듯 사람은 알에서 태어나지 않아요. 사람
이 알에서 태어나지 않는 이유는 사람이 태반을 만들어 태아를 자궁
에서 키우는 태반류이기 때문입니다.

　동물의 새끼가 태어나는 방법에는 알에서 태어나는 '난생'과 어미
와 같은 모양으로 새끼가 태어나는 '태생'으로 구분할 수 있어요. 진
화상으로 보면 난생이 먼저 등장했고, 태반류는 포유류가 등장한 중
생대(약 2억 5천만 년~ 6천 5백만 년 전까지) 말쯤에 등장했어요. 태반
은 자궁과 태아를 연결하는 기관입니다. 알을 낳지 않고 직접 자궁에
서 새끼를 키우는 방법은 태반이 생기면서 가능해졌어요.

　신화에 나오는 알에서 태어났다는 이야기를 분석해 보기 위해 알
을 낳는 포유류가 있는지부터 알아볼게요. 포유류 중에서는 유일하
게 단공류라고 부르는 동물이 알을 낳는답니다. 단공류의 단공(單
孔)은 '구멍이 하나'라는 뜻입니다. 배변, 배설, 생식에 필요한 구멍
이 따로 존재하지 않고 한 개밖에 없다는 겁니다. 포유류는 젖먹이

동물이라는 뜻인데, 그중 단공류는 알을 낳아요. 그렇다면 단공류는 새끼에게 젖을 먹이지 않는다는 뜻일까요? 그렇지 않아요. 다른 포유류처럼 젖꼭지가 있는 것은 아니지만 젖이 분비되는 피부를 가지고 있거든요. 대표적인 단공류가 오리너구리죠.

알은 하나의 세포로 되어 있어요. 우리가 알고 있는 세포 가운데 가장 큰 것이 바로 알입니다. 새는 알을 낳고 포유동물은 새끼를 낳아요. 그래서 알을 낳거나 새끼를 낳는 것이 완전히 다른 것처럼 보이지만 사실 그렇게 다른 것은 아닙니다. 진화적인 관점에서 본다면 원래 바다에서 살았던 동물이 육상으로 진화하면서 적응하는 과정에서 다양한 변화가 생겼다고 볼 수 있어요. 어류는 물속에 알을 낳았어요. 어류에서 진화한 양서류도 물속에 알을 낳기 때문에 어류나 양서류의 알은 큰 차이가 없어요.

문제는 파충류나 조류, 포유류는 물에서 벗어나 완전히 육지에 올라가 생활하기 때문에 알 내부에 물속과 같은 환경을 만들어 줄 필요가 있었어요. 그것을 가능하게 만든 것이 바로 양막입니다. 양막을 가진 파충류나 조류, 포유류를 양막류라고 하지요. 양막 내부는 양수라는 액체로 채워져 있어서 장차 새끼가 될 배(胚, 발생 과정에서 초반에 해당하는 단계)를 안전하게 보호해요. 또한 알은 배가 새끼가 되는 동안 필요한 양분을 가지고 있어요. 양막이 있는 알은 외부에 물이 없어도 내부에서 새끼가 자랄 수 있어요. 파충류의 알은 양막을 가죽처럼 질긴 껍질이 둘러싸고 있고, 조류의 알은 딱딱한 석회질 껍질을 가지고 있어요.

중생대에는 알을 낳는 단공류와 주머니에서 새끼를 키우는 유대류 그리고 태반을 형성하여 새끼를 자궁에서 키우는 태반류가 있었어요. 오리너구리가 알을 낳는 것처럼 3억 년 전쯤 등장한 포유류의 조상도 과거에는 알을 낳았어요. 지금은 태반을 만들어 새끼를 낳으면서 그 유전자를 사용하지 않을 뿐입니다.

물론 이 유전자를 다시 활성화시키면 사람이 알을 낳는 것도 완전히 불가능하지는 않아요. 단지 한번 불활성화된 유전자는 다시 활성화되지 않기 때문에 인위적으로 유전자를 조작해서 활성화시켜야만 하지요. 그렇지 않으면 태반 포유류가 알을 낳을 수는 없답니다.

신화 속 알을 낳았다는 이야기는 영웅을 돋보이게 만들기 위한 설정일 가능성이 커요. 하지만 놀라운 것은 실제로 알에서 태어난 것처럼 보이는 출산도 있다는 것입니다. 간혹 양막에 싸인 채로 태어나는 대망막 출산(caul birth)을 통해 낳은 아기가 그러한 예입니다. 이렇게 태어나는 아기는 마치 투명한 알 속에 담긴 것처럼 보인답니다. 인터넷에 공개된 사진이나 동영상을 보면 매우 신비롭게 보이지요. 대부분의 경우 출산을 하면서 양막이 찢어져서 양수가 나오고 태아만 밖으로 나오기 때문에 양막은 볼 수 없어요. 그런데 대망막 출산은 양막째로 나오기 때문에 마치 알처럼 보이기도 합니다. 만일 주몽이 알에서 태어났다면 아마 대망막 출산이었을 가능성도 배제할 수 없어요. 대망막 출산은 10만분의 1 정도로 드물어요. 하지만 이 정도의 확률이라면 충분히 알에서 태어난 전설이 만들어질 정도의 빈도가 아닐까요?

신화 속 영웅이 알을 깨고 나온다는 의미

◆

"새는 알에서 나오려고 투쟁한다. 알은 세계다.
태어나려는 자는 하나의 세계를 파괴해야 한다."

_헤르만 헤세 『데미안』에서

알 속의 세상과 알 밖의 세상은 다릅니다. 두 세상은 껍질을 통해 서로 다른 세상으로 구분되어 있어요. 그래서 알을 깨고 나온다는 말은 다른 세상으로 나온다는 의미로 사용됩니다. 알 속에서 새끼는 다른 세상으로 나올 준비를 마친 후 알을 깨고 스스로 나옵니다. 그래서 완벽한 준비를 하지 못한 새끼를 강제로 알을 깨서 꺼내면 죽게 됩니다.

세상으로 나올 준비가 된 병아리는 안에서 껍질을 쪼기 시작하고 어미는 밖에서 껍질을 쪼아서 새끼가 나오는 것을 도와줍니다. 이것을 사자성어로, '줄탁동시(啐啄同時)' 또는 '줄탁동기(啐啄同機)'라고 하는데 원래 중국의 선종(禪宗)의 불서(佛書)인 『벽암록(碧巖錄)』에 등장하는 말입니다. 스승은 깨달음을 위한 도움을 줄 뿐 제자 스스로 깨달아야 함을 이르는 말로 사용됩니다. 좋은 스승은 제자에게 모든 것을 해주지 않고 제자가 스스로 해낼 수 있도록 도와준다는 뜻입니다. 우리 사회의 많은 관계는 줄탁동시로 이뤄져 있어요. 누구나 처음에는 서툴기 마련이며 이를 해결하기 위해서는 먼저 그것을 깨친 사람의 지도가 큰 도움이 됩니다. 비단 스승과 제자나 부모와 자식

사이뿐 아니라 다양한 관계에서 적용될 수 있는 지혜이며 인간 사회가 다른 동물 세계보다 더 뛰어난 이유 중 하나일 겁니다.

알 속은 누구의 도움도 필요 없는 완전히 독립된 세상입니다. 어미는 알 속 새끼가 알 밖으로 빠져나올 수 있을 만큼의 양분과 공간을 준비해 줍니다. 새끼가 점점 성장하면 알 속의 공간은 좁아지고 양분도 바닥나므로 알 밖으로 나올 수밖에 없어요. 알에서 나오지 못한다면 알 속에 갇혀서 서서히 죽어 갈 수밖에 없지요. 결국 새로운 세상으로 껍질을 깨고 나올 수밖에 없어요. 만일 껍질을 깨는 것이 두렵고 힘들다고 안주하면 결국 자신도 모르게 그 속에서 서서히 죽어 갈 수밖에 없는 거지요.

싫든 좋든 껍질 밖으로 나와야 한다는 것이 매정하게 들릴 수도 있지만 그래도 병아리의 경우는 나은 편입니다. 병아리는 도와주는 어미 닭이라도 있지만 알에서 태어나는 모든 새끼들이 그런 대접을 받는 건 아니기 때문입니다. 조류와 어류나 양서류의 새끼들은 어미의 도움을 받지 못하고 알 밖으로 나오자마자 험난한 세상과 맞닥뜨려야 해요. 스스로 살아남을 궁리를 해야 한다는 겁니다. 그야말로 '각자도생(各自圖生)'입니다.

각자도생은 중국의 한자성어가 아니라 『조선왕조실록』에 등장하는 말입니다. 임진왜란이나 병자호란과 같은 전란을 겪으면서 백성들의 삶이 궁핍해져 각자 알아서 살아남아야 한다는 뜻에서 생긴 말입니다. 백성들은 나라의 보살핌을 받지 못했고 알에서 갓 태어난 물고기 새끼처럼 스스로 살아남아야 했어요.

금와왕이 알을 강제로 깨려고 했다는 것은 아직 준비 안 된 주몽을 강제로 세상으로 불러내려는 행동이었어요. 하지만 주몽은 이를 거부했고 따스한 볕이 들자 스스로 알을 깨고 세상으로 나왔습니다. 주몽은 외부의 도움이 없이 알을 깨고 나올 만큼 위대한 인물임을 보여주는 일화이지요. 스스로 알을 깼다는 건 새로운 세상인 고구려를 세울 만한 인물이라는 의미입니다.

깨지지 않는 알은 없다?

앞서 이야기했듯이 금와왕은 알을 깨려고 했습니다. 하지만 아무리 해도 깰 수 없어 다시 부인에게 돌려주었어요. 하지만 실제 알들은 쉽게 깨집니다. 달걀은 톡톡 치면 어렵지 않게 깰 수 있어요. 현존하는 알 중 가장 큰 타조알은 잘 깨지지는 않아요. 물론 달걀에 비해 잘 깨지지 않는다는 것이지 돌이나 단단한 물체로 내려치면 깨집니다. 그렇다면 알의 크기가 클수록 쉽게 깨지지 않는 걸까요?

신화에서는 유화 부인의 알이 5되라고 해요. 1되는 약 1.8L의 부피이니 9L 정도의 크기를 가진 알이라고 생각해볼 수 있어요. 달걀의 부피가 50mL 정도이니 유화 부인의 알은 달걀 180개 정도 되는 부피이겠네요. 타조알은 달걀 50개 정도의 부피이니 유화 부인의 알은 이것보다 훨씬 클 것입니다. 비슷한 크기를 가진 알을 찾아보자면 코끼리새의 알이 있습니다. 이름처럼 코끼리새는 키가 3m나 되고 몸무게가 300kg이나 나가는 큰 덩치를 가졌어요. 이에 비하면 유화 부인은 일반 사람의 체구를 지녔으니 이렇게 큰 알을 낳는 것은 사실 어렵습니다.

게다가 금와왕이 알을 깨려고 했는데 실패했다면 알의 껍질이 두껍다고 예상해 볼 수 있어요. 하지만 알의 껍데기가 너무 두꺼울 경우에는 문제가 생깁니다. 새끼가 안에서 껍질을 깨고 나올 수가 없다는 겁니다. 물론 이 부분은 어미가 도와줘서 해결할 수도 있을 거예요. 문제는 또 있답니다. 알이 껍데기를 통해 기체를 교환하는 효율이 떨어진다는 겁니다. 구의 모양을 지닌 알의 특성상 표면적보다 부피가 더 많이 증가해요. 따라서 부피를 표면적으로 나눈 값인 단위 부피당 표면적의 비율이 작아지는 것이랍니다. 각설탕보다 가루설탕이 빨리 녹는 것도 단위 부피당 표면적의 비율이 높기 때문이지요. 기체를 교환할 표면적도 작은데 알껍데기마저 두꺼우면 기체 교환 효율이 너무 낮아서 내부에서 호흡하기 어려워집니다. 그러니까 주몽은 이 난관들을 모두 뚫고 스스로 알을 깨고 태어난 인물인 셈이지요.

물론 알이라고 해서 모두 껍데기가 단단한 건 아니랍니다. 알껍데기가 단단한 건 석회질 즉 탄산칼슘 성분이 많기 때문입니다. 거북이와 같은 파충류는 껍질이 가죽처럼 생긴 말랑말랑한 알을 낳습니다. 닭과 같은 조류는 단단한 껍데기의 알을 낳아요. 심지어 공룡의 알도 전부 단단한 건 아니에요. 어떤 것은 껍데기가 단단하고 어떤 것은 거북이처럼 말랑말랑한 것도 있었어요.

우리가 알이 단단할 것이라고 생각하는 것은 달걀 때문에 생긴 고

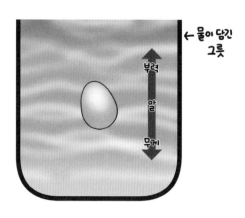

📕 알에 작용하는 부력과 무게가 같다.

정 관념입니다. 사실 물속에 알을 낳는 개구리 같은 양서류의 알은 젤리처럼 생겼어요. 물속에서는 부력이 중력을 상쇄시켜 그 형태를 유지할 수 있으므로 굳이 단단한 껍질을 만들 필요가 없기 때문이지요. 오히려 껍질이 있으면 알 내부와 외부 사이의 물질 교환과 새끼가 밖으로 나올 때 방해만 될 뿐입니다.

물고기와 자라의 도움을 받은 주몽

◆

영웅 신화에는 영웅이 시련을 극복하면서 대업을 이루는 서사가 흔히 나옵니다. 주몽 신화에도 그런 내용이 등장해요. 특히 인상적인 것은 주몽이 자신을 미워하는 왕자들의 추격을 피해 강을 건너는 장면입니다. 뒤에서는 왕자들의 군대가 추격하고 앞에는 강이 가로막고 있는 위급한 상황에서 주몽을 도와준 것은 물고기와 자라 떼입니다. 물고기와 자라 떼가 다리가 되어 주몽이 강을 건널 수 있도록 해 주지요.

하지만 아쉽게도 아무리 많은 물고기와 자라가 모여도 말을 탄 사람이 건널 만큼 튼튼한 다리를 만들 수는 없습니다. 엄청난 수의 물고기와 자라가 모여 다리를 만드는 것과 그 다리를 이용해 강을 건너는 문제는 다르기 때문이에요.

물에 가라앉지 않는 다리가 되려면 말이 밟았을 때 말과 사람의 무게를 지탱할 만큼의 부력을 있어야 해요. 하지만 물고기와 자라 떼라고 표현하는 것을 보면 물고기와 자라의 크기가 크지 않다는 것을 알 수 있어요. 크기가 작다면 부력 또한 크지 않습니다. 부력은 물에 잠긴 물체의 부피에 해당하는 물의 무게만큼 작용하기 때문입니다. 또한 물고기나 자라의 무게도 빼야 하므로 실제로 얻을 수 있는 부력의 양은 매우 작아요.

물고기와 자라의 숫자가 아무리 많아도 주몽은 말발굽 바로 아래에 있는 몇 마리의 물고기나 자라에 작용하는 부력만 얻을 수 있어요. 물고기나 자라가 작용할 수 있는 부력의 크기는 매우 작지요. 사실 물고기나 자라는 물에 뜨거나 가라앉는 것을 조절할 만큼의 부력만 가지고 있어요. 부력이 너무 크면 물속으로 잠수할 수 없으므로 오히려 생존에 방해되기 때문입니다.

그렇다고 실망하기는 아직 일러요. 주몽이 강을 건널 수 없는 것은 아니에요. 단지 물고기와 자라가 만든 다리를 밟고 멋있게 건널 수

없을 뿐입니다. 말은 원래 수영을 할 수 있어요. 주몽이 말을 훈련시켰다면 그런 사실을 알고 있었을 겁니다. 말 수영은 말을 훈련시키는 방법 중 하나로 옛날부터 있었답니다. 사람의 몸도 비중이 물과 비슷하므로 누워서 편안하게 있으면 물에 떠요. 즉 물에 들어가서 물고기와 자라가 촘촘하게 붙어서 만든 수중 침대에 편안하게 누워 있으면 반대편 강으로 이동시킬 수 있다는 겁니다. 말은 혼자서 수영할 수 있으니 알아서 건너가야 하겠지요.

사이언스 토크

부레가 없어 계속 헤엄치는 상어

물속에 사는 어류는 부레를 가지고 부력을 조절하여 물에 뜨거나 가라앉습니다. 부레에 산소를 공급해 부피가 커지면 밀도가 낮아져 물에 뜨고, 부레가 작아지면 가라앉게 되지요. 하지만 상어는 어류지만 부레가 없답니다. 부레가 없는 대신 지방이 풍부한 커다란 간과 뼈(경골)보다 밀도가 낮은 연골을 가지고 있어 밀도가 낮아요. 또한 부력을 얻을 수 없기 때문에 헤엄을 쳐서 지느러미에 작용하는 양력을 이용해 물에 뜹니다. 많은 종류의 상어가 쉴 새 없이 헤엄쳐야 하는 이유는 부력이 없어 가라앉지 않기 위함입니다.

04

기상천외한 괴물, 키메라는 어떻게 탄생했을까?

벨레로폰이 죽인 키메라

키메라는 그리스 로마 신화에 나오는 대표적인 괴물입니다. 키메라의 부모 또한 무시무시한 괴물이지요. 아버지는 거인 티폰이며 어머니는 반인반수의 괴물인 에키드나입니다. 특히 에키드나는 상반신은 여인의 모습이고, 하반신은 뱀의 모습을 하고 있어요. 이러한 괴물 부모 밑에서 태어난 것이 키메라예요.

티폰과 에키드나의 자식들은 키메라 외에도 케르베로스와 히드라, 오르토스가 있어요. 한결같이 괴물로 불리지요. 케르베로스는 하데스가 다스리는 저승을 지키는 수문장으로 머리가 셋인 개의 모습을 하고 있어요. 히드라는 아홉 개의 목을 가진 뱀의 모습을 하고 있고, 오르토스는 머리가 둘인 개의 모습이지요. 키메라는 머리는 사자, 몸통은 염소, 꼬리는 뱀의 모습을 한 무서운 괴물이에요. 키메라는 모습만 섬뜩한 것이 아니라 튼튼하고 질긴 가죽과 단단한 근육으로 되어 있어서 창이나 칼에 뚫리지 않았어요. 또한 입에서는 불을 뿜고 있어서 누구도 키메라를 죽일 생각을 하지 못했어요.

그런 키메라를 죽인 것은 페가수스를 탄 영웅 벨레로폰이었어요. 벨레로폰은 포세이돈과 인간 사이에서 태어난 반인반신의 영웅입니다. 벨레로폰을 없애고 싶었던 이들의 모함으로 리키아의 왕 이오바테스는 벨레로폰에게 키메라를 죽이라고 명을 내리지요. 벨레로폰은 키메라를 죽이기 위해 날개 달린 천마, 페가수스를 길들입니다. 페가수스를 타고 하늘을 날 수 있게 된 벨레로폰은 창끝에 납을 붙여서 키메라의 입 안에 창을 던져 넣습니다. 납이 붙어 있는 창에 찔린 키메라가 불을 뿜자 창에 붙어 있던 납이 녹았어요. 녹은 납은 키메라의 몸속으로 흘러 들어갔고 뜨거운 납에 의해 키메라는 몸속이 타들어 죽어 버렸지요.

벨레로폰은 영웅으로 추앙받으며 리키아의 왕이 되었어요. 하지만 신의 도움으로 키메라를 물리치고 영웅이 되었음에도 그는 자만심에 빠졌어요. 사람들에게 자신이 마치 신이나 된 것처럼 자랑하고 다녔고 제우스를 만나고 오겠다고 큰소리를 쳤습니다. 이것을 지켜본 제우스는 페가수스를 타고 하늘로 올라오는 벨레로폰을 추락시켜 버리지요. 하늘에서 떨어져 크게 다친 벨레로폰은 쓸쓸한 최후를 맞이했어요.

그리스 신화에는 정말 다양한 괴물이 등장해요. 신과 영웅, 그리고 괴물의 이야기가 주요 내용이므로 상상할 수 있는 거의 모든 괴물이 등장한다고 해도 될 정도예요. 대부분의 신화에서 괴물은 중요한 역할을 담당해요. 주로 영웅에게 큰 시련을 주는 대상이거나 영웅이 해결해야 할 과제로 등장하지요. 괴물과 싸우는 과정에서 영웅이 성장하고 백성들에게 인정받기 때문에 괴물이 없었다면 영웅도 있을 수 없을 거예요. 자, 여기 그리스 신화 최고의 괴물 가족이 있어요. 그 주인공, 키메라에 대해 이야기를 해볼까요?

키메라의 무시무시한 모습에 담긴 유전학

◆

키메라는 정체가 무엇인지 정의하기 어려운 생물입니다. 앞에서 보면 사자처럼 생겼으니 사자라고 하면 될 것 같지만 몸은 염소이고

유물로 발견된 접시에 그려진
키메라의 모습

꼬리에는 뱀이 달려 있어요. 그러니 키메라는 사자도 아니고 염소나 뱀도 아닌 생물입니다.

사실 서로 다른 종류의 생물이 한 몸에 붙어 있는 것으로 키메라가 유일한 것은 아닙니다. 신화를 보면 머리나 몸이 다른 생물로 되어 있는 경우가 많아요. 인도에서 인기가 많은 지혜와 행운의 신인 가네샤는 사람의 몸에 코끼리 머리를 하고 있어요. 이집트 신화에서는 사람의 몸에 매의 머리를 한 호루스를 비롯해, 아누비스(자칼), 토트(따오기), 타와레트(하마) 등 다양한 동물 머리를 가진 신이 있어요.

그런데 키메라가 놀라운 것은 신화 속에서만 등장하는 것이 아니라는 겁니다. 키메라는 현실에도 있답니다. 생물학자들은 하나의 생물체 안에 서로 다른 유전 형질을 가진 개체를 '키메라'라고 부릅니다. 신화의 키메라에서 따온 이름이지요. 현실 속 키메라는 실험실에

📖 '사자의 서'에 그려진 자칼의 머리를 한 '아누비스'의 모습

서 일부러 만든 것만 있을 거라고 생각할 테지만 의외로 자연에서도 볼 수 있어요.

자연에서 생기는 키메라는 어미의 배 속에서 쌍둥이가 만들어지는 과정에서 생깁니다. 이를 키메라 증후군이라고 해요. 일란성 쌍둥이는 유전자가 같지만 이란성 쌍둥이는 유전자가 서로 달라요. 이란성 쌍둥이가 정상적으로 태어나면 두 명의 아이가 태어나야 합니다. 하지만 어떤 이유로 인해 발생 도중 두 배아가 서로 합쳐지면 1명의 아이가 태어나지만 몸에는 두 명의 유전자를 모두 가지게 됩니다. 키메라 증후군인 사람은 몸이 붙어서 나온 샴쌍둥이와는 달리 겉으로 보기에는 정상 아이와 같아 보입니다. 하지만 합쳐져서 두 사람의 유전자를 모두 지닌 키메라 개체가 되는 것입니다.

2002년 미국에 사는 리디아 페어차일드라는 여성의 사례가 유명해요. 리디아는 자신이 출산한 두 아이의 사회 보장 급여를 신청하기 위해 유전자 검사를 했어요. 검사 결과, 남편과 리디아 사이에서 태어난 아이일 가능성이 없다는 것으로 나왔어요. 남편의 자식일 가능성은 99.9%였지만 리디아가 친모일 가능성은 0%로 나온 것이지요. 리디아는 황당했어요. 리디아는 분명 자신이 직접 낳은 남편의 아이가 맞으므로 검사의 결과가 잘못이라고 주장하며 법정 공방을 펼쳤어요. 자신의 주장을 입증하기 위해 셋째를 임신 중이었던 리디아는 검사관의 입회하에 셋째의 유전자 검사를 실시해요. 이번에도 역시 리디아의 아이일 가능성이 0%로 나왔어요. 이건 리디아의 배 속에 있는 아이가 리디아의 아이가 아니라는 거예요. 분명 말도 안 되는 이야기지요. 그렇다고 유전자 검사 결과가 잘못된 것도 아니에요. 그렇다면 어떻게 이런 결과가 나온 것일까요?

이것은 리디아가 키메라 증후군이었기 때문입니다. 리디아는 태어날 때 사라진 자매의 유전자까지 두 사람의 유전자를 한 몸에 지니고 태어났어요. 리디아는 엄마 배 속에 있을 때 자매의 유전자와 합쳐졌던 것이에요. 그리고 리디아의 아이는 엄마(리디아)의 자매(이모)의 유전자를 가지고 태어났던 거예요. 결국 키메라 증후군이 밝혀지면서 리디아는 친모 소송에서 승리해 누명을 벗어요.

리디아의 경우, 수정란이 완전히 합쳐서 자매의 유전자를 가지고

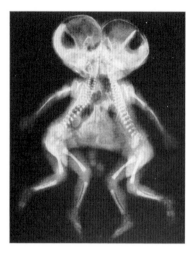
▌ 샴쌍둥이의 엑스레이 사진

태어났지만 샴쌍둥이는 다릅니다. 샴쌍둥이는 수정란이 발생 과정 중 두 개로 완전하게 분리되지 않아서 생기는 현상입니다. 일란성 쌍둥이는 한 개의 수정란이 발생 과정에서 두 개로 분리되어 각각 태아로 자라서 태어납니다. 그런데 샴쌍둥이는 수정란의 분리가 완벽하게 일어나지 않은 상황에서 각각 태아로 자라기 때문에 신체의 일부가 붙어서 태어납니다.

운이 좋은 경우 샴쌍둥이는 분리 수술을 거쳐 두 사람으로 살아갈 수도 있어요. 하지만 간이나 심장처럼 중요한 장기를 공유한 경우에는 분리 수술을 할 수 없어 평생 같이 지내야 합니다. 샴쌍둥이는 쌍둥이가 합쳐진 것이므로 키메라 증후군과는 달라요. 키메라 증후군은 하나의 개체에 두 가지 유전자를 가진 것이지만 샴쌍둥이는 두 개체가 단지 붙어 있을 뿐이에요.

또 다른 특이한 경우로 하나의 몸에 다른 몸이 붙어서 일부만 남아 있는 기생 쌍둥이도 있어요. 기생 쌍둥이는 한쪽이 제대로 자라지 못한 채 정상적인 개체에 붙어 버린 경우예요. 그래서 기생 쌍둥이는 몸에 팔이나 다리나 머리가 더 붙은 채로 태어나요.

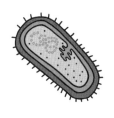
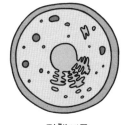

원핵세포   진핵세포

신화 속 키메라와 비슷한 경우는 이종 교배를 통해 태어난 개체입니다. 이종 교배는 서로 다른 종의 수컷과 암컷을 교배하여 새끼를 만드는 방법입니다. 수탕나귀와 암말을 교배하면 노새를 얻을 수 있어요. 옛날부터 널리 이용된 노새가 사실은 키메라인 셈이지요. 노새가 키메라처럼 느껴지지 않는 것은 당나귀와 말의 생김새가 비슷해서 그런 겁니다. 타이곤이나 라이거도 호랑이와 사자를 교배한 이종 교배 생물입니다. 키메라 증후군으로 태어난 새끼나 이종 교배 생물을 접해 본 사람들은 키메라와 같은 생물을 상상하는 것이 어렵지 않았을 겁니다. 더 놀라운 것은 우리가 모두 키메라의 후손이라는 겁니다.

진화생물학자인 린 마굴리스가 주장한 '세포 내 공생설'에 따르면 우리는 키메라의 후손일 것으로 보입니다. 세포 내 공생설을 살펴보면 이렇습니다. 세포는 핵막과 핵이 없는 원핵세포와 핵막과 핵이 있는 진핵세포로 구분해요. 원시 지구에는 진핵세포를 가진 진핵생물이 없었어요. 그러던 중 한 원핵생물이 다른 원핵생물의 세포막 안으로 들어가서 함께 사는 녀석들이 생겼어요. 두 원핵생물은 원래 다른 개체였는데 살면서 하나의 세포가 되어 버린 것이지요. 이 과정에서 원핵세포보다 더 복잡한 진핵세포를 가진 진핵생물이 등장했다고 보는 겁니다.

미토콘드리아나 엽록체는 세포 내에서 별도의 DNA를 가지고 있는 이유가 바로 공생에 의해 서로 다른 원핵생물이 합쳐져 진핵생물이 등장했다는 근거라는 겁니다. 즉 미토콘드리아나 엽록체는 세포 내의 다른 소기관과 달리 핵의 지배를 받지 않는 독자적인 DNA를 가지고 있어요. 이것은 이들이 원래 다른 세포였다가 하나로 합쳐졌다는 근거가 되는 겁니다.

유전체 안의 특정 DNA를 자르거나 편집하는 기술인 '유전자 편집'은 일종의 키메라 기술이에요. 사람의 유전자를 가진 동물을 만들 수 있기 때문이지요. 동물 세포에 사람의 유전자를 주입해 사람의 장기를 만든다는 겁니다.

이처럼 그리스 신화의 키메라처럼 생기지 않았을 뿐이지 키메라 개체는 존재해요. 키메라 개체는 자연적으로 생겨나기도 하고 인공적으로 만들 수도 있어요. 사람의 장기를 가진 쥐나 돼지처럼 장기 이식을 위한 연구를 위해 키메라 동물을 만들기도 합니다. 하지만 이 연구는 논란이 많습니다. 동물에게 사람의 유전자를 가진 키메라 동물을 만들다 보면 결국 신화 속 반인반마, 켄타우로스와 같은 생물이 등장할지도 모르기 때문이지요. 또한 동물이 만든 장기를 이식할 때 우리가 알지 못하는 바이러스가 함께 이식될 수 있는 위험성도 있어요. 그래서 인간의 키메라 연구는 신중해야 합니다.

키메라는 어떻게 불을 뿜는가?

◆

키메라의 이야기는 지금의 튀르키예의 야나르타스 지역에 있는 키메라 산을 배경으로 하고 있어요. 실제로 야나르타스 공원은 키메라 이야기가 생겨난 곳으로 알려진 관광지이기도 해요. 이곳을 키메라 전설의 배경이라고 하는 데는 이유가 있어요. 이 산에는 불을 뿜는 키메라처럼 돌 사이에서 꺼지지 않는 불꽃이 타오르기 때문이에요. 이 불은 무려 3000년 이상 타오르고 있는데 아직까지 꺼지지 않고 있어요. 야나르타스라는 지명도 튀르키예어로 '불타는 돌'이라는 의미라고 해요. 이렇게 불이 타는 이유는 지하에서 메탄과 수소가 주성분인 가연성 가스가 계속 새어 나오기 때문입니다. 이렇게 불을 뿜

는 모습이 키메라 이야기를 만들어 냈을 수도 있어요.

이처럼 키메라의 놀라운 능력 중 하나가 바로 불을 뿜는 것이에요. 하지만 안타깝게도 키메라는 불을 뿜는 능력 때문에 죽게 되지요. 이 것은 불을 뿜는 생물이 왜 없는지에 대한 단서가 될 수 있습니다. 생 물은 정말 다양한 곳에 적응해 살고 있어요. 심지어 끓는 물속에서도 살 수 있는 생물이 있을 정도니까요. 그러나 그 어떤 생물도 불을 뿜 지는 않아요. 불을 뿜는 것만은 생물이 적응해내지 못한 능력이라고 할 수 있겠네요.

사실 원리상으로 보면 불을 뿜는 것 자체는 어렵지 않아요. 불을 뿜으려면 가연성 기체를 뿜으면서 살짝 불꽃만 튕겨 주면 됩니다. 가 정에서 요리할 때 사용하는 토치를 생각해 봅시다. 토치는 가연성 기 체인 메테인에 불꽃을 튕겨서 강력한 화염을 만들어 냅니다. 따라서 키메라가 불을 뿜으려면 가연성 기체를 뿜으면서 불꽃을 튕겨 주면 됩니다.

그렇다면 몸에서 가연성 기체를 어떻게 만들어 낼까요? 가연성 기 체는 장에서 미생물의 도움을 받으면 됩니다. 알고 보면 우리도 매일 장에서 가연성 기체를 만들어 냅니다. 방귀의 성분을 보면 질소, 메 테인, 이산화탄소, 수소, 암모니아, 황화수소, 스카톨, 인돌 등 다양한 물질들이 포함되어 있어요. 이중 메테인, 수소, 황화수소와 같은 물 질은 불이 잘 붙습니다. 기체의 양에 따라 불꽃이 닿으면 폭발할 수 도 있어요. 물론 평소 방출하는 방귀 양으로는 불꽃이 일지 않아요. 불을 뿜을 정도가 되려면 장 속에 메탄이나 수소, 황화수소를 배출하는 세균을 배양해야 해요. 또한 이런 세균의 먹이가 될 수 있는 음식도 골라서 먹어야 합니다.

이렇게 가스를 만들어 낸다고 해도 또 다른 문제가 있습니다. 가스를 저장해 둘 용기가 필요하다는 겁니다. 이 세균을 장에 배양하면 키메라는 항상 장에서 가스가 차는 느낌 때문에 힘들 겁니다. 불을 입으로 뿜어야 하므로 장에서 올라온 가스 용기는 식도와 위장 사이에 붙어 있어야 해요. 이 가스 용기는 아주 튼튼하고 탄력 있는 근육질로 되어야 더 많은 가스를 저장해 둘 수 있어요. 부탄가스 통처럼 액화시켜서 저장하면 엄청난 양의 가스로 불을 뿜을 수 있어요.

이렇게 해서 키메라가 몸속에 가스를 모았다면 이제 입에서 뿜을 때 불꽃만 튕겨 주면 됩니다. 불꽃은 석영으로 된 부싯돌을 충돌시키면 쉽게 낼 수 있어요. 입 안의 이빨 두 개를 부싯돌로 쓰면 됩니다. 그런데 이렇게 하려면 입 안이 항상 건조한 상태로 있어야 해요. 입 안이 촉촉하면 불꽃이 잘 안 생기니까요.

불꽃을 얻을 수 있는 좀 더 일반적인 방법은 마찰 전기를 이용하는 겁니다. 키메라는 사자 머리와 염소 몸통을 가지고 있으니 털끼리 비비면 두 털 사이에 대전이 일어납니다. 한쪽 털에서 다른 쪽 털로 전하가 이동해 전기를 띠게 됩니다. 바로 마찰 전기입니다. 마찰 전기가 방전될 때 불꽃이 일어나기 때문에 이것을 이용하면 됩니다. 문제는 털을 비벼서 털이 대전될 때까지 불꽃이 생기지 않는다는 겁니다. 적이 창을 들고 공격하려는데 키메라는 머리를 문지르고 있어야 될테니 이 방법으로는 키메라의 위신이 좀 서지 않을 것 같네요.

이와 같이 동물이 불을 뿜고자 한다면 충분히 불을 만들어 낼 수 있지만 아직까지 그런 동물은 발견된 적이 없습니다. 왜 그럴까요? 그건 키메라의 죽음과 관련 있어요. 동물이 불을 뿜는다는 것은 적을 공격하거나 위협하려는 목적일 겁니다. 그런데 입에서 불을 뿜다 보면 자신의 몸에 불이 붙을 가능성도 큽니다. 따라서 불을 멀리 뿜어야 해요.

그런데 좁은 목구멍에서 올라온 가스가 넓은 입으로 나오면 가스의 분출 속도가 줄어들게 됩니다. 이를 '베르누이의 원리'라고 해요. 좁은 곳에서 넓은 통로를 지날 때 바람의 빠르기가 느려지는 것이 베르누이의 원리예요. 그렇게 되면 입 주변에서 펑 하고 불이 붙게 되는 겁니다. 이런 불행한 일을 막으려면 쉽게 불이 붙은 가스에 불을 붙인 후 불에 잘 타는 기름을 분사하는 것이 좋을 겁니다. 그렇게 되면 마치 화염 방사기처럼 불을 뿜을 수 있게 됩니다. 물론 키메라의 입 주변은 불에 강한 내화성 소재로 되어 불에 타지 않아야 하고, 기름을 강하게 뿜을 수 있어야 하겠지요.

유전자의 발현

자식은 부모에게서 유전자를 물려받아요. 이렇게 유전자는 물려받았다고 해서 그 형질이 반드시 나타나는 것은 아니에요. 유전을 통해 부모의 형질이 자손에게 전해지는 것을 유전 형질이라고 해요. 대표적인 유전 형질로는 혈액형이 있어요. 부모에게서 받은 유전자에 의해 여러분의 혈액형이 결정되지요. 이렇게 유전자에 의해 유전 형질이 나타나는 현상을 유전자 발현이라고 해요. 유전자 발현은 유전자에 의해 단백질이 형성된다는 뜻이에요. 생물은 단백질로 되어 있으니 유전자로 생물의 특성인 형질이 발현되는 것이지요. 하지만 생물이 특정 유전자를 가지고 있다고 그 유전자가 항상 발현되지는 않아요. 수천에서 수만 개의 유전자가 동시에 발현되면 낭비가 심하겠지요? 그래서 유전자의 발현은 필요할 때 일어나요. 이를 유전자 발현 조절이라고 해요.

05
그리스 신화의 최강 빌런
메두사에 담긴 과학

메두사의 머리

신화 이야기

원래 메두사는 바다의 신 포세이돈이 첫눈에 반할 정도로 아름다운 머릿결을 지닌 미녀였습니다. 그러나 아테나 여신의 신전에서 포세이돈과 사랑을 나누다가 아테나에게 들켜서(포세이돈이 신전의 무녀였던 메두사를 겁탈했다는 이야기도 있다) 저주를 받고, 머리에 수많은 뱀이 달린 흉측한 모습으로 변하게 된 겁니다. 그 모습이 너무나 무서운 나머지 그녀를 본 사람은 그 순간 돌로 변했어요. 메두사는 아무도 못 오는 곳으로 숨어들어 살았어요. 메두사는 고르고네스라고 불리는 세 자매 중의 한 명입니다. 다른 두 자매는 죽지 않는 불사의 몸이었으나 메두사만 그렇지 않았지요.

이렇게 무시무시한 메두사를 처치한 것은 제우스와 아름다운 여성 다나에 사이에서 태어난 페르세우스입니다. 페르세우스는 제우스와 인간 사이에 태어난 반신 영웅입니다. 페르세우스라는 이름도 '제우스의 아들(Per Zeus)'이란 뜻이 있어요. 페르세우스는 어머니가 세리포스 섬의 왕 폴리덱테스와 강제 결혼하는 것을 막기 위해 메두사의 머리를 가져오겠다고 말해요.

막상 큰소리는 쳤지만 메두사는 보기만 해도 돌로 변하는 엄청난 괴물인지라 페르세우스도 고민에 빠졌어요. 이때 그를 아낀 아테나는 페르세우스의 꿈속에 나타나 메두사를 물리칠 방법을 알려 줍니다. 또한 메두사를 처치할 수 있는 방패와 검을 선물하고 다른 도구들을 얻을 수 있는 방법도 알려 주었어요. 페르세우스는 아테나가 알려 준 대로 매끄러운 청동 방패에 비친 메두사의 모습을 보며 메두사를 단칼에 베어 버리는 데 성공했어요. 잘린 메두사의 머리에서 흘러나온 피에서 페가수스와 크리사오르가 태어났지요.

메두사의 머리를 마법의 자루에 넣은 페르세우스는 날개 달린 천마 페가수스를 타고 고향으로 돌아가던 중 바닷가 바위에 쇠사슬로 묶여 있는 여자를 발견해요. 그 여성은 에티오피아의 공주 안드로메다였습니다. 어머니 카시오페이아가 자신이 바다의 요정 네레이스보다 더 예쁘다고 자랑한 벌로 딸을 바다 괴물에게 제물로 바치게 된 것이에요. 페르세우스는 괴물 케토로부터 안드로메다를 구해 주고 왕인 케페우스에게 결혼을 승낙받았어요. 안드로메다와 결혼한 페르세우스는 고향으로 돌아온 뒤 메두사의 머리를 아테나에게 바쳤고 나머지 장비들은 헤르메스에게 바쳤습니다. 아테나는 자신의 방패에 메두사의 머리를 새겼고 메두사에게서 나온 피는 의술의 신 아스클레피오스에게 주었다 해요.

이탈리아의 명품 브랜드 베르사체의 로고에는 특이한 문양이 새겨져 있어요. 바로 메두사의 머리지요. 패션 브랜드라면 아름다움을 상징하는 것을 로고로 쓰겠지만 특이하게도 가장 유명한 괴물인 메두사의 머리로 장식했어요. 그런데 곰곰이 생각해 보면 메두사의 머리로 장식했다는 것은 그만큼 브랜드에 대한 자신감을 표현한 것이라는 생각도 듭니다. 우리 제품을 한 번 보면 돌처럼 굳어 버릴 정도로 압도당하고 반할 것이라는 자신감과 아이기스(이지스(Aegis)라고도 하며, 헤파이토스가 제작한 방패로 제우스나 아테나가 사용한다)처럼 외부의 따가운 시선이나 공격으로부터 자신의 제품을 지키겠다는 의도이지 않을까요? 이처럼 그리스 신화를 잘 모르는 사람들조차도 그 이름은 알 정도로 유명한 괴물, 메두사. 메두사의 신화 속에는 어떤 과학이 담겨 있을까요?

밤하늘에 살아 있는 그리스 신화

◆

페르세우스의 이야기 속에 등장하는 인물들을 보면 별자리가 먼저 떠오를 정도로 유명한 별자리가 많습니다. 그중 가장 유명한 별자리는 바로 안드로메다일 겁니다. 우리은하에서 가장 가까운 거리에 있는 안드로메다은하(M31)가 포함되어 있어서 그런 것도 있지만 안드로메다가 그리스 신화에서 차지하는 비중에 비하면 별자리 지명도는 매우 높은 편입니다. 신화에서 안드로메다는 영웅 페르세우스가 구출한 예쁜 공주라는 것 말고는 한 일이 아무것도 없기 때문입니다. 그러고 보면 밤하늘에서 차지하는 지위는 그리스 신화의 지명도와 비례하는 것은 아닌 셈입니다.

고대 그리스인들은 칠흑같이 어두운 밤하늘을 무대로 자유로운 상상의 나래를 펼쳤습니다. 신화와 점성술, 천문학이 아직 혼재한 상태에서 그리스 사람들은 하늘을 신이나 영웅들의 이야기로 가득 채웠지요. 고대 이집트와 그리스에서 시작된 이야기는 로마와 중동 지역에 이르기까지 다양한 지역의 문화를 흡수하며 하늘에 생명력을 불어넣었어요. 이렇게 탄생한 천문학(天文學)은 다른 과학 분야에 비해 문학적 상상력이 가미된 학문이지요.

북반구에서 맨눈으로 볼 수 있는 별은 3000개 정도가 되는데 그중에서 밝기가 밝은 별 1000여 개 정도가 고유한 이름이 있어요. 망원경이 발명되어 새로운 천체가 계속 발견되자 천체를 표시하는 공식적인 체계나 카탈로그가 생겼습니다. 하지만 M31이나 NGC224와 같은 명칭보다 일반인들에게는 안드로메다은하라고 부르는 것이 더 친숙해요. M31이라는 명칭은 단지 메시에 목록 31번이라는 의미뿐이지만 안드로메다은하라고 하면 은하가 안드로메다자리에 있다는 것을 알 수 있으니 기억하기에도 좋습니다. 천문학에서 그리스 신화를 빼면 정말 삭막하게 변해 버릴 정도랍니다. 이러한 전통(?)은 천문학이 점성술과 결별하고 과학으로 확실한 자리를 잡은 후에도 계속 이어졌어요.

천문학에 남은 그리스 신화의 흔적은 고대에서 끝난 것이 아니에요. 오늘에도 그 전통은 여전히 이어지고 있어요. 원래 그리스 신들의 이름이 붙은 행성은 수성, 금성, 화성, 목성, 토성 이렇게 5개였어요. 맨눈으로 관측할 수 있는 것이 5개였기 때문입니다. (우리나라 말로 수성, 금성, 화성, 목성, 토성이라는 이름은 동양의 음양오행과 관련된 이름일 뿐 그리스 신화와는 상관없습니다.) 수성(水星)은 그리스 신화에서 빠르게 움직이는 별이라서 전령의 신인 헤르메스(로마: 머큐리)의 이름을 따서 머큐리(mercury)로 부르게 되었어요. 이와 마찬가지로, '빠르게 움직이는 은'이라는 의미로 수은(水銀) 역시 '머큐리'라는 이름이 붙었지요.

이후 새로운 행성이 발견되어도 천문학자들은 신들의 이름을 붙이던 선례를 따랐습니다. 1781년 허셜이 발견한 새로운 행성에는

📖 안드로메다은하　　　　　　　　　　　　　　　　©Adam Evans

우라노스라고 이름을 붙였습니다. 목성이 제우스(로마: 주피터), 토성이 크로노스(로마: 사투르누스)에서 기원한 것이었기 때문입니다. 제우스의 아버지가 크로노스이고, 할아버지는 우라노스입니다. 그러니까 목성-토성-천왕성은 아들-아버지-할아버지의 관계가 되는 겁니다. 서양에서 이름 붙인 우라노스를 한자로 표현하다 보니 '하늘을 다스리는 신'의 의미를 지닌 천왕성(天王星)이 된 거지요.

　그렇다면 해왕성은 어떤 신과 관련 있을까요? 바로 바다의 신인 포세이돈(로마: 넵투누스)에 해당하는 넵튠(Neptunus)의 이름을 붙였습니다. 천왕성처럼 파란색을 띠고 있으니 하늘의 신 다음에 바다의 신 이름을 붙인 거지요. 2006년 왜소 행성으로 강등되었지만 가장 멀리 떨어져 어두운 명왕성(Pluto)에는 저승의 신 하데스(로마: 플

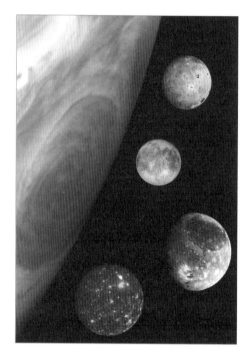

목성과 갈릴레이 위성을 합성하여 만든 사진으로 크기를 비교해 볼 수 있다. 위에서부터 아래로 이오, 유로파, 가니메데, 칼리스토이다.
출처 : NASA

루토)의 이름을 붙였습니다.

 행성에 신들의 이름을 붙일 때는 행성의 특성 같은 것은 몰랐어요. 사실 행성이 항성과 다른 천체라는 것 자체를 몰랐습니다. 그냥 다 같은 별인데, 단지 제자리에 있지 않고 돌아다녀서 떠돌이별이라는 의미로 행성이라고 부른 것뿐입니다. 그런데 행성에 신들의 이름을 붙여 놓고 나니 잘 어울렸던 경우도 있었어요. 예를 들어 목성은 행성 중 가장 덩치가 커요. 올림포스 최고신인 제우스의 이름을 목성에 붙인 것은 탁월한 선택이었다고 할 수 있어요.

 별에 이름을 잘 붙여 출세한 사람도 있었습니다. 망원경을 발명한 갈릴레이는 목성을 관찰하다가 4개의 위성을 발견했고, '메디치의 별'이라는 이름을 붙였어요. 막강한 권력을 지닌 메디치가에 잘 보이려고 한 겁니다. 덕분에 갈릴레이는 메디치 가문의 후원을 받아 궁정 철학자가 되었어요. 오늘날에는 이 4개의 위성은 발견자의 이름을 따서 '갈릴레이의 위성'이라고 부른답니다. 각 위성에는 케플러가 제안한 이름들이 붙어 있어요. 케플러는 4개의 위성에 각각 제우스가 사랑했던 연인들인 '이오', '에우로파', '가니메데', '칼리스토'라는 이름을 붙였습니다. 이처럼 태양계 내에 있는 소행성이나 위성 등 새롭게 발견된 천체에는 그리스 신화의 흔적이 많이 남아 있습니다.

방패에 비친 메두사는 어떻게 보였을까요?

메두사에 대한 가장 유명한 이야기는 바로 메두사를 보기만 해도 돌이 되어 버린다는 것이에요. 메두사를 공격해야 하는 페르세우스에겐 직접 보지 못한다는 건 매우 불리한 조건이지요. 다행히 그는 아테네 여신의 조언을 얻어 방패에 비친 메두사를 보고 공격할 수 있었어요. 직접 보는 모습과 방패에 비치는 모습은 어떻게 다르기에 페르세우스는 돌로 변하지 않았을까요?

고대 그리스의 방패를 살펴봅시다. 목재로 만든 틀에 얇은 청동판을 덧대어 만들었다고 합니다. 상대방이 검으로 내리쳤을 때 검이 방패 밖으로 미끄러지도록 가운데를 금속으로 볼록한 원형으로 만들

었어요. 그렇게 하면 검으로 인한 충격이 줄어듭니다. 아테나의 방패 는 청동이라고 했으니, 가운데가 청동 재질로 볼록하게 나왔을 겁니다. 혹시 역사 교과서에서 청동 거울 유적 사진을 본 적 있나요? 청동 거울을 보면 푸르뎅뎅하고 울퉁불퉁한 금속이 어째서 거울인지 갸웃거렸을 거예요. 사실 청동 거울 사진은 대부분 장식된 면을 찍은 것이고, 앞면은 매끄러워서 녹슬기 전에는 반짝반짝 빛났을 거예요. 아테네의 방패도 거울처럼 매끄러웠을 겁니다.

거울처럼 매끄러운 표면에서는 평행하게 입사한 빛이 일정한 방향으로 반사가 되어 상이 생깁니다. 이를 '정반사'라고 부릅니다. 하지만 종이 표면이나 극장의 스크린처럼 거친 표면에서는 평행하게 입사한 빛이 여러 방향으로 반사됩니다. 이를 '난반사'라고 부르지요. 방패에 메두사의 얼굴을 비춰 보기 위해서는 정반사가 일어날 정도로 매끄러워야 해요.

그렇다면 청동 방패를 통해서 메두사를 보면 어떻게 보일까요? 편

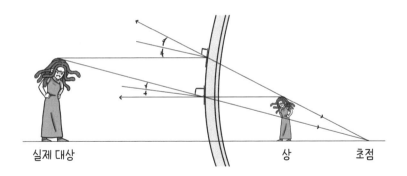

실제 대상   상   초점

📖 볼록한 방패에 실제보다 작게 맺힌 메두사의 상

의점에 설치된 커다란 볼록 거울에서 알 수 있듯이 방패를 통해서 본 상의 크기는 실제보다 작게 보여요. 페르세우스가 방패를 통해 본 메두사의 모습은 실제보다 작게 보여 돌이 될 만큼 무섭지는 않았을 겁니다.

방패처럼 생긴 볼록 거울은 거울과 물체와의 거리에 상관없이 물체보다 작고 똑바로 선 상이 생깁니다. 물체보다 작은 상이 생기므로 더 넓은 범위를 볼 수 있어서 자동차의 측면 거울이나 편의점의 코너 거울로 사용해요.

가운데가 오목한 오목 거울은 빛을 한군데 모으는 역할을 하므로 태양열 조리기나 반사 망원경의 반사경으로 사용합니다. 오목 거울은 물체가 거울에 가까이 있으면 물체보다 크고 바로 선 상이 보이고, 거울에서 물체가 멀어지면 거꾸로 뒤집힌, 물체보다 작은 상이 보입니다.

메두사의 피에 특별한 힘이 있다고 믿은 이유

◆

메두사가 죽고 난 후 흘러나온 피에서 페가수스와 크리사오르가 태어나죠. 그리고 아테나는 의술의 신, 아스클레피오스에게 메두사의 피를 선물했어요. 이것은 모두 메두사 피에 생명을 살리거나 죽이는 특별한 힘이 있었기 때문입니다. 아스클레피오스는 메두사의 왼쪽 혈관에서 나온 피를 사람을 죽이는 데 사용했고 오른쪽 혈관에서 나온 피를 사람을 살리는 데 사용했다고 해요. 신화에 이런 내용이 담기게 된 배경에는 당시 사람들의 믿음이 관련되어 있어요. 옛사람들은 혈액에 특별한 힘이 있다고 믿었어요. 과학적 근거를 알지 못했던 옛날에는 아마도 피를 많이 흘리면 사람들이 죽는 것을 보고 피가 중요하다는 것을 알았을 거예요.

우리 몸을 이루는 세포들은 혈액이라는 강물에 둘러싸인 섬과 같아요. 혈액에서 산소와 영양분을 공급받고 혈액에 이산화탄소와 노폐물을 내보내지 못하면 세포들은 살아갈 수 없지요. 그러니 혈액이 사람을 살리고 죽일 수 있다는 것은 완전히 틀린 말은 아닙니다.

또 혈액은 열에너지를 공급하는 역할도 해요. 손끝과 발끝이 동상에 걸리기 쉬운 이유는 체온이 떨어지면 체온 손실이 많은 손이나 발, 귀와 같은 부위로 공급되는 혈액이 줄어들기 때문입니다. 우리 몸은 체온이 떨어지면 말초 혈관 대신 신체의 중요 부위에 혈액 공급을 늘여서 더 이상 체온이 떨어지는 것을 막습니다.

혈액은 호르몬도 옮겨 준답니다. 호르몬이 내분비샘에서 분비되

📖 루벤스가 그린 '메두사'의 죽음

면 혈액을 타고 표적 세포로 이동해요. 그렇게 해서 몸이 항상성(외부의 다양한 변화에 대해 개체의 상태를 일정하게 유지하려고 하는 생물의 특성)을 유지할 수 있도록 해줍니다.

혈관 내에서 혈액은 한 방향으로 흐르며 몸을 순환해요. 혈액은 항상 동맥에서 모세 혈관을 거쳐 정맥으로 흐릅니다. 동맥은 혈액이 심장에서 나가는 혈관이며 정맥은 심장으로 들어가는 혈관입니다.

혈액의 순환은 크게 온몸 순환과 폐 순환으로 구분할 수 있어요. 온몸 순환은 심장에서 나온 혈액이 온몸의 조직 세포에 산소와 영양분을 공급하고 다시 심장으로 들어오는 순환을 말해요. 폐 순환은 심장에서 나온 혈액이 폐에서 이산화탄소를 내보내고 산소를 받은 후 다시 심장으로 돌아오는 순환입니다. 심장에서 나간 혈액은 대동맥을 거쳐 온몸의 모세 혈관으로 간 후 대정맥을 통해 심장으로 돌아옵

니다. 심장으로 돌아온 혈액은 폐동맥을 통해 폐로 간 후 폐의 모세
혈관을 지나 폐정맥을 통해 심장으로 돌아오지요.

머리로 피를 공급하는 동맥은 목 가운데를 중심으로 양쪽으로 갈
라져 올라가요. 목 주변에 손을 살짝 갖다 대면 동맥이 뛰는 걸 느낄
수 있어요. 목의 동맥으로 올라간 혈액은 목의 정맥을 통해 내려와
요. 메두사는 머리카락이 살아 있는 많은 뱀으로 되어 있어 더 많은
에너지가 필요해 공급되는 혈액의 양도 더 많이 필요했을 겁니다. 그
러니 페르세우스의 낫에 목이 베일 때 많은 피가 나왔을 겁니다. 당
시 사람들이 생명의 원천이라 여긴 피가 분수처럼 나왔을 테니 옛사
람들이 메두사의 피에서 새 생명이 탄생할 수도 있겠다는 상상을 해
도 무리는 아니었을 겁니다.

사이언스 토크

불길한 악마의 별이 된 메두사의 머리

죽음을 맞이한 이후 메두사는 영웅의 별자리에 숨어서 존재감을 뽐내고
있어요. 페르세우스자리의 베타 별인 알골(Algol)이 바로 메두사의 머리입
니다. 알골이라는 이름도 '악마의 머리(Ras al Ghul)'에서 유래했어요. 흥미
로운 점은 중국에서도 알골은 불길한 별로 여겨졌다는 겁니다. 재난을 일
으키고 시체가 쌓이게 만든다고 하여 적시성(積屍星)이라고 불렀어요.
알골을 불길한 악마의 별이라고 여긴 것은 알골이 밝기가 변하는 변광성
이기 때문이었어요. 하늘에 있는 대부분의 별은 밝기가 일정해요. 알골도

평소 2등급의 밝기를 가지고 있어요. 하지만 알골은 2일 20시간 49분을 주기로 밝기가 1/3로 줄어들었다가 원래대로 돌아간답니다. 그래서 옛날 사람들은 자꾸만 밝기가 변하는 이 별을 불길하게 여겨졌던 겁니다.

이후 천문학자들의 관측 결과, 알골은 하나의 별이 아니라 삼중성계(세 개의 별이 중력으로 묶여 서로 공전하는 항성계)로 되어 있다는 것이 밝혀졌어요. 가장 밝은 주성 알골A를 알골B가 돌고 있고 다시 이들 주변을 알골C가 중력에 의해 묶여 공전하고 있어요. 알골A의 앞을 알골B가 가릴 때마다 밝기가 주기적으로 변해요. 이를 변광성 중에서 식쌍성(한 별이 다른 별 주변을 공전하면서 밝기가 변하는 쌍성계)이라고 해요. 별의 밝기가 변하거나 별이 이동하는 이유를 몰랐을 때는 이런 현상들을 이용해 점을 쳤지요. 하지만 이러한 점성술은 천문학이 발달하면서 힘을 잃었답니다.

06

인도 신화에서 신과 인간을 연결하는 자, 아그니

신화 이야기

불의 신인 아그니의 탄생과 관련한 신화에는 여러 이야기가 있습니다. 그중 한 이야기를 보면 아그니는 세 번 태어났다고 합니다. 첫 번째는 태양의 불꽃으로 태어나서 계속 반복적으로 타올랐으며 두 번째는 번개의 불꽃으로 태어나 지상으로 내려왔습니다.

땅으로 내려온 아그니는 세 번째로 지상의 불꽃으로 사제들이 제물을 올릴 때 쓰는 불꽃이 되었습니다. 그래서 아그니는 제물을 먹고 정화시켜 이것을 신에게 전달하는 불의 신 역할을 하게 되었다고 합니다.

또 다른 이야기에서는 아그니의 삼형제가 원래 신에게 인간의 제물을 전달하는 일을 하였는데, 그의 두 형이 이 일을 하다가 죽고 말았어요. 겁에 질린 아그니가 숨어 버리자 신들은 제물을 받을 수가 없게 되었지요. 신들은 아그니를 찾으려고 했지만 어디 숨었는지 알 수 없었어요. 아그니 때문에 뜨거워서 살수 없었던 동물들이 신들에게 아그니의 위치를 알려 주었지요. 하지만 아그니는 계속 장소를 바꿔 가며 숨었어요.

아그니가 마지막으로 숨은 곳이 사미라고 불리는 비벼서 불을 피우는 나무 막대기 속이었습니다. 신들은 사미 속에 숨어 있던 아그니를 설득했어요. 아그니는 신들에게 조건을 내걸었지요. 신의 제물을 같이 먹을 수 있도록 해주고, 신들처럼 영생하게 해주며, 죽은 그의 형제들을 다시 살려 달라고 했어요. 신들은 아그니의 조건을 받아들이고, 아그니는 그제야 불을 관장해 신에게 제물을 전달하는 일을 했답니다.

불교가 전해지면 인도 신화도 함께 우리에게 전달되었습니다. 인도에서 불교가 탄생했으니 이것은 당연한 것이라고 할 수 있습니다.

그런데 오히려 불교는 인도보다는 다른 나라에 더 신자가 많아요. 인도에는 불교 신자가 적고 힌두교를 믿는 사람들이 훨씬 많이 있습니다. 인도 신화에서도 이 힌두교의 영향력이 깃들어 있지요. 이번에는 인도 신화 속 불의 신 아그니를 만나며, 힌두교에서 바라보는 신과 인간의 관계, 그리고 그 속에 담긴 과학에 대해 알아볼게요.

힌두교와 인도 신화

아그니는 인도 신화에 등장하는 불의 신이에요. 아그니에 대해 이야기하기 전에 인도 신화와 힌두교에 대해 이야기해 볼게요. 힌두교는 인도의 고대 종교인 브라만교가 인도 토속 신앙과 융합해 만들어진 종교입니다. 그래서 힌두교는 인도 신화와 밀접한 관계가 있어요.

힌두교(Hinduism)의 힌두(Hindū)는 인더스강의 산스크리트 명칭 '신두(Sindhu)'에서 유래한 것입니다. 힌두교는 인도교라고도 하는데, 인도인의 모든 사상과 생활을 아우르는 종교라는 의미를 담고 있어요. 즉 넓은 의미의 힌두교는 인도 내의 불교나 시크교, 자이나교 등을 포괄하여 사용됩니다. 힌두교라는 말도 인도가 영국의 식민지였을 때 영국인들이 부르던 말이 공식화된 것입니다.

좁은 의미의 힌두교는 힌두교의 경전 『베다(Vedas)』와 『우파니샤드(Upaniṣad)』를 믿고 따르는 것입니다. 『베다』는 힌두교의 근본 경전으로 절대적인 권위를 지니고 있어요. 『우파니샤드』는 스승과 제

『리그베다』

자가 토론하는 내용으로 스승의 가르침이 담겨 있는 철학적 성격의 경전이라고 할 수 있어요. 『우파니샤드』도 『베다』의 부속 문헌 중 하나이지요. 그래서 힌두교 경전을 『베다』라고 하기도 해요.

『우파니샤드』는 『베다』의 권위는 유지하면서도 교리에 대한 철학적인 반성을 불러일으켰어요. 제사나 의식이 중요한 것이 아니라 진리 탐구를 통해 영혼의 해탈에 이르는 과정이 더 중요하다고 했어요. 이러한 사상은 나중에 불교의 형성에도 영향을 주었습니다. 일종의 종교적 철학서라고 할 수 있는 『우파니샤드』는 세계에서 가장 오래된 철학서로도 불려요. 또한 『베다』에 대한 철학적 해석이 담긴 주석서이기도 합니다.

『베다』는 본문과 부속 문헌으로 되어 있는데, 본문에 해당하는 것은 4개가 있습니다. 특히 유명한 것이 『리그베다』인데 산스크리트어로 된 인도에서 가장 오래된 문헌이기도 합니다. 『리그베다』는 불을 피워 신을 불러들이는 찬가가 담겨 있어요. 『리그베다』에 번개의 신인 인드라와 불의 신인 아그니가 많이 등장하는 것도 이 때문입니다.

기원전 2000년 경 인도로 밀려들기 시작한 아리아인은 인도 드라비다인과 같은 원주민을 정복하고 기원전 1500년경 『베다』를 근간으로 하는 베다 시대를 열었습니다. 인도를 정복한 아리아인들은 브라만교를 탄생시켰고, 원주민은 노에 계급인 수드라로 삼았습니다. 『리그베다』에 신분 계층에 대한 언급이 있고 이에 따라 카스트 제도는 엄격하게 지켜졌어요. 힌두교 국가들에서 법으로는 신분 차별을 금지하고 있으나 실제로는 잘 지켜지지 않아서 신분제로 인한 문제가 나타나고 있지요. 법으로 금지해도 힌두교에서 카스트 제도를 허용하므로 신분 제도가 쉽게 사라지지 않는 것이에요.

전통 의학 대신 치료를 도맡았던 아그니

힌두 신화에 등장하는 불의 신 아그니는 다른 신화 속 인물들과는 또 다른 의미로 여겨져요. 그리스 신화에서 불이 물리적인 의미가 강했다면 힌두교에서 아그니는 인도 전통 의학인 '아유르베다'와 연결되어 인도인의 삶 전반에 걸쳐 영향을 주고 있답니다.

아유르베다(Ayurveda)는 '삶의 지혜'라는 뜻으로 고대 힌두교의 대체 의학 체계입니다. 아유르베다는 오늘날 서양에까지 전해져 많은 인기를 끌고 있는 대체 의학이에요. 대체 의학은 서양의 표준화된 과학적 전통 의학과 달리 철학적이거나 종교적인 치료 방법을 말합니다.

아직도 전통 의학의 손길이 미치지 않는 곳에서는 많은 이들이 대체 의학을 선택하고 있어요. 아유르베다와 같이 많은 대체 의학이 종교적인 믿음과 연계되어 있어 이러한 치료 방법을 선택하는 이들이 많은 것입니다. 서양에서도 전통 의학의 부작용에 대한 반발로 대체 의학을 찾기도 합니다. 하지만 대체 의학은 의학적인 근거가 부족해 의료보험 혜택이나 정식 의료 행위로 인정받지 못하고 있습니다.

전통 의학의 혜택을 받을 수 있는 사람들이 아유르베다 치료법을 선택하는 이유는 무엇일까요? 그것은 육체와 영혼을 모두 건강하게 만들어 치료한다는 아유르베다의 치유 철학이 매력적이기 때문입니다. 전통 의학은 환자의 질병을 치료하여 고통을 없애고 건강하게 만들어 줍니다. 이와 달리, 아유르베다는 육체뿐 아니라 영혼까지 건강하게 만드는 것을 목표로 한다고 합니다. 물론 목표는 거창하지만 그 효과를 입증하기는 어려워요.

아유르베다에서 아그니는 소화와 관련된 역할을 한다고 여깁니다. 우리가 음식을 먹고 소화시키듯 제사를 지낼 때 제물을 태우는 과정을 통해 신들에게 음식이 전달된다고 본 것이지요. 제화(祭火)된 지상의 제물이 공기 속으로 사라져 하늘에 있는 신에게 전달될 수 있도록 하는 것이 아그니의 역할이었습니다.

신화를 보면 아그니는 제사를 지낼 때 인간의 제물을 신들에게 전달하는 역할을 한다고 나옵니다. 그래서 힌두교에서 아그니는 희생

아그니

제의적(희생제의는 자신에게 소중한 것을 신에게 바침으로서 신의 힘에 기대는 제사를 말한다) 신으로 받아들여집니다. 또한 아유르베다에서 아그니는 모든 생물체 속에 존재하는 생명의 기운 즉 '기(氣)'처럼 여겨지기도 합니다. 원래 기는 '숨'이나 '증기'를 뜻하는 말에서 나왔지만 동양 철학에서는 '우주를 구성하는 본질적인 요소'를 뜻합니다.

힌두교와 마찬가지로 불교는 인도에서 발생하였습니다. 따라서 불교가 힌두교의 영향을 받았을 것이라고 추측할 수 있어요. 그중에서 아그니와 관련된 부분은 불교의 연등회입니다. 연등(燃燈)을 영어로 번역하면 'lotus lantern' 즉 '연꽃 모양의 등'이라고 해요. 하지만 흥미롭게도 한자어를 보면 연꽃을 의미하는 '蓮'을 사용하는 것이 아니라 '타다' 또는 '사르다'는 의미를 지니고 있는 '燃'을 사용해요. 불교 제례에서 일반적으로 어둠을 밝히는 등이 바로 연등입니다. 불교 제례에서 연등을 사용하는 것은 불이 타오르는 것이 생명력을 뜻하기도 하며, 불로 세상을 밝힌다는 의미를 지니기 때문입니다. 또한 불은 정화를 의미하기도 해요.

혹시 아그니라는 말을 어디서 들어 본 것 같지 않나요? 맞아요. 아궁이라는 말과 비슷하지요. 이렇게 서로 발음이 비슷해서 불교가 전파될 때 아그니가 우리나라로 들어와 아궁이라는 말의 기원이 되었다고 보기도 합니다.

인간과 신을 연결하는 제물

고대 사회에서는 제사를 모시던 제사장이 정치적 권력을 지닌 통치자를 겸하는 제정일치(祭政一致)의 사회였어요. 제사장이 이렇게 권력을 지닐 수 있었던 것은 제사를 통해 신의 뜻을 알 수 있다고 여겼기 때문이에요. 다른 제정일치의 사회처럼 브라만교에서도 신에 대한 제사를 중요하게 여겼습니다. 그렇기 때문에 아그니의 존재는 더욱 각별합니다. 아그니가 없으면 신에게 제물을 받치는 제사를 지낼 수 없기 때문입니다. 불의 신 아그니는 신에게 바치는 '제물'을 태워서 전합니다.

　제물을 태우는 연소 반응은 화학 반응이므로 반응이 일어나면 새로운 물질이 생성됩니다. 동물이나 식물을 제물로 태워 신에게 전달하면 신들은 제물과는 전혀 상관없는 것을 받게 되지요. 아그니가 신에게 전한 것은 연소 후에 나온 생성물이었을 거예요. 제물을 불에 태웠을 때 생기는 연소 반응 생성물에는 어떤 것이 있을까요?

　제물로 올리는 것은 대부분이 동물이나 식물과 같은 생물입니다. 귀금속이 귀하지만 이것은 불에 잘 타지 않으므로 재단에 그냥 올려두는 경우가 많습니다. 장작을 비롯해 생물들은 상대적으로 낮은 온도에서도 잘 타는데, 이는 생물의 몸이 탄화수소 화합물로 되어 있기 때문입니다. 불에 잘 타는 것들은 대부분 탄화수소 화합물이 많습니다. 탄화수소 화합물은 탄소와 수소를 기본으로 한 화합물이에요. 탄소와 수소의 결합이 쉽게 끊어질 수 있고 이 결합이 끊어질 때 열에너지를 방출하면서 계속 불이 타게 됩니다.

　탄화수소 화합물이라는 이름에서 알 수 있듯이, 연소 후에 생성물의 대부분은 이산화탄소와 물입니다. 염소 고기나 돼지고기 또는 다른 어떤 고기를 올려도 결과는 같아요. 식물을 태웠을 때도 마찬가지예요. 신들은 타서 올라가는 연기를 받았을 때 대부분 이산화탄소와 수증기, 이산화황, 탄소 알갱이, 일산화탄소, 메탄 등을 받게 될 뿐입니다. 이 중 그 무엇도 별로 진기한 것은 없지만요.

　물론 신들이라면 마음대로 분자를 다시 결합할 수 있는 능력이 있을지 모릅니다. 제물의 연소로 생긴 분자들을 모아서 다시 염소 고기나 돼지고기로 만드는 겁니다. 정말 신화에서나 나올 것 같은 이야기처럼 들리겠지만 이 기술은 이미 존재한답니다. 바로 분자 조립입니다. 아직 이 기술을 마음대로 구사하는 것은 자연에서나 가능하고 우리는 아직 원하는 대로 아무것이나 만들어 내지는 못합니다. 언젠가는 원자를 마음대로 조작해서 원하는 분자를 만들 수 있는 시대가 올지도 모르지요.

놀랍게도 자연에 살아 있는 생물들은 단순한 분자를 가지고 자신에게 필요한 분자를 합성해 내는 기술을 가지고 있어요. 그러니 생물들이 존재하는 것이겠지요. 그렇다면 생물은 복잡한 분자 조립 장치라고 할 수 있습니다.

신과 같은 어떤 존재가 몸을 만들어 주지 않으므로 생물은 자신의 몸을 스스로 만들어요. 자신의 몸을 자신이 만든다고 하니 이상하게 들리겠지만 여러분은 스스로 자신의 몸을 레고를 조립하듯 세포를 구성하는 분자를 하나하나 조립해서 구성합니다. 이를 분자 조립이라고 하는 겁니다.

대표적인 분자 조립 장치가 리보솜이에요. 리보솜은 아미노산을 연결해서 생물의 몸을 구성하는 단백질을 합성합니다. 리보솜이 단백질을 합성하려면 설계도처럼 생물체 대한 정보가 필요해요. 그 정보를 저장하고 전달하는 물질이 바로 핵산(Nucleic Acid)이에요.

핵산은 '핵 안에 있는 산성 물질'이라는 의미랍니다. 모든 생물은 핵산을 가지고 있어요. 핵산에는 DNA와 RNA가 있습니다. DNA는 데옥시리보 핵산(Deoxyribo Nucleic Acid), RNA는 리보핵산

CO₂

+공합성

생산

호흡

소비

📖 물질순환

(RiboNucleic Acid)이라는 뜻이에요.

단백질은 아미노산이 연결되어 만들어지는데, 이 연결 순서는 DNA에서 정보를 받은 전령 RNA(messenger RNA, mRNA)가 리보솜에 알려 줘요. DNA는 단백질에 대한 정보만 가지고 있을 뿐 실제로 단백질을 만드는 건 리보솜이랍니다. 간단하게 말하면 'DNA →RNA →단백질'의 순서로 유전 정보가 전달되면서 단백질이 합성되어 몸을 구성하게 되는 것이랍니다.

생물은 원래 죽으면 분해되어 자연으로 돌아갔다가 다시 다른 생물의 몸을 구성하는 물질로 돌아옵니다. 이것을 물질 순환이라고 합니다. 생물과 생물을 둘러싼 무기 환경(땅이나 공기처럼 생물을 둘러싼 비생물적 환경) 사이에 물질은 돌고 도는 순환을 합니다.

공기 중 이산화탄소는 식물의 광합성을 통해 유기물인 포도당으로 합성됩니다. 포도당은 식물과 동물이 살아가는 에너지원으로 제공되고 호흡을 통해 다시 공기 중 이산화탄소로 배출됩니다. 또한 생물의 몸을 구성하는 중요 성분인 질소도 마찬가지입니다. 이렇게 생각해 보면 결국 신이란 위대한 자연의 또 다른 모습인지도 모르겠네요.

코로나19 검사에 사용되는 PCR법

2019년 코로나19가 확산되면서 감염 여부를 검사하는 방법인 PCR 검사가 널리 사용되었습니다. 분자 생물학에서 사용되는 이 용어는 코로나19 이전에는 아는 사람이 별로 없었어요. 하지만 이제는 흔히 사용되고 있지요. PCR은 중합 효소 연쇄 반응(Polymerase Chain Reaction)의 약자입니다. 중합 효소는 DNA나 RNA의 합성을 돕는 효소를 말합니다. PCR은 중합 효소를 이용해 DNA를 빠르게 증폭시키는 방법을 말해요. PCR은 소량의 DNA만 있어도 이를 증폭시켜 많은 양을 얻을 수 있어 분자 생물학 이외에도 의학이나 범죄 수사 등 다양한 분야에서 활용되고 있습니다. PCR은 1983년 미국의 생화학자 캐리 멀리스가 개발한 방법이며, 캐리 멀리스는 그 공로를 인정받아 1993년 노벨 화학상을 수상했습니다.

07
술과 불의 신이 벌인 피 튀기는 전투

염제를 몰아낸 황제

신화 이야기

태초에 우주는 혼돈 속이었습니다. 혼돈 속에서 저절로 생겨난 거인 반고가 죽으면서 천지 만물이 생겨났어요. 이렇게 탄생한 세상을 다스리는 신이 5명 있었습니다. 동서남북과 중앙의 방향에 맞춰 한 명씩 세상을 다스렸지요. 동방은 태호, 서방은 소호, 남방은 염제, 북방은 전욱 그리고 중앙은 황제가 각각 지배하고 있었어요. 남방의 신인 염제는 태양을 상징하는 불의 신이자 농업의 신, 의약의 신이기도 했습니다.

황제와의 싸움에서 패해 남방으로 쫓겨 가기 전까지는 염제가 최고의 신이었지요. 염제는 수렵 생활을 하던 인간의 수가 늘어나 굶주리게 되자 농업을 발명합니다. 약초를 감별하는 채찍을 들고 있어 병을 치료할 수 있는 약초를 알려 주는 의약의 신이기도 했지요. 이처럼 신들의 세계에서 절대 권력을 지닌 염제에게 반기를 들고 도전한 것이 바로 황제였습니다. 사실 불을 상징하는 염제와 물을 상징하는 황제의 싸움은 필연적이었습니다. 염제가 신들의 세계를 다스릴 때 원래 서방에서 세력을 키운 황제는 염제에게 도전했습니다.

판천에서 벌어진 두 세력의 싸움은 결국 황제의 승리로 돌아갔어요. 판천 전투로 모든 전쟁이 완전히 끝난 것은 아니었습니다. 이번에는 염제의 신하 치우가 무리를 이끌고 황제에게 도전장을 내밀었습니다. 치우와 그들의 형제가 이끄는 군대와 황제의 군대는 탁록에서 최후의 결전을 벌였습니다. 치우의 군대에는 바람과 비의 신을 비롯해 거인과 도깨비 등이 합세했습니다. 황제 군에는 호랑이나 곰과 같은 야수와 날개 달린 용과 가뭄의 신이 있었지요. 짙은 안개로 황제 군이 방향을 구분할 수 없을 때 치우 군의 급습을 받은 황제 군은 우왕좌왕했습니다. 그러나 지남거를 만들어 방향을 찾을 수 있게 되면서 위기를 모면했지요. 일진일퇴를 거듭하던 전투는 결국 가뭄의 여신 발의 활약으로 황제 군으로 전세가 기울었습니다. 황제 군에게 잡힌 치우는 즉시 처형되었습니다. 이 싸움에서 흘린 병사들의 피가 강을 이룰 정도였지요. 용맹하게 싸웠던 치우는 후일 전쟁의 신으로 추앙받게 됩니다.

흔히 황제라고 하면 흔히 중국을 다스렸던 군주를 떠올릴 겁니다. 하지만 중국에서는 인간 황제가 있기 이전에 신들의 왕인 황제가 있었다는 사실을 알고 있나요? 황제는 중국 신들 가운데 최고의 자리에 오른 신입니다. 중국 신화에 등장하는 무수한 신들 사이에서 황제는 어떻게 해서 최고의 지위에 오를 수 있었을까요?

염제와 황제는 과연 실존 인물일까?

◆

염제는 '신농(神農)' 또는 '염제 신농씨(炎帝 神農氏)'라고 불립니다. 이름에서 알 수 있듯이 불의 신인 염제는 농업의 신이기도 해요. 염제는 한족에게 농사짓는 방법을 알려 준 인물로 중국 민족의 조상으로 숭배되는 신입니다. 불과 농업은 어울릴 것 같지 않은데, 어떻게 두 역할을 겸하게 되었을까요?

이것은 초기의 농법이 화전과 관련 있었기 때문이거나 태양이 농업과 관련 있다는 생각 때문일 수 있습니다. 또한 불의 신이자 신들의 왕이었던 염제가 인간을 보살피기 위해 농업을 알려 준 것 때문에

한나라 벽화에 그려진 염제의
모습. 쟁기를 들고 있다

여러 역할을 겸하게 된 것일 수도 있습니다.

　과학적으로 생각해 본다면 태양 빛은 식물의 광합성에 영향을 주는 중요한 요인이므로 염제가 태양신과 농업의 신을 겸하는 것이 이상할 것은 없습니다. 신화를 만든 고대 사람들이 광합성에 대해 알지는 못했겠지만 식물의 성장과 태양이 관계있으리라고 추측했을지도 모릅니다. 염제는 농업만 가르쳐 준 것이 아니에요. 약초를 맛보고 약이 되는 식물을 알려 주어 한의약을 태동시킨 인물이기도 합니다.

　그런 유능한 신인 염제를 몰아낸 신이 바로 황제(黃帝)입니다. 인간 세계의 군주를 뜻하는 황제(皇帝)와 발음은 같지만 한자가 다르지요. 물론 고대에도 황제(黃帝)를 황제(皇帝)라고 부르기도 했습니다.

▌황제 헌원

황제(黃帝)는 신의 이름이고 황제(皇帝)는 '천상의 위대한 신'을 뜻하는 황천상제(皇天上帝)의 준말이에요. 그런데 황제가 최고의 신의 자리에 올랐으니 두 단어를 혼용해도 상관이 없게 된 것이지요.

천상의 신을 의미하던 황제라는 단어를 인간의 제왕에 가져다 쓴 간 큰 인물이 바로 진시황입니다. 천하를 통일한 진시황은 임금이라는 지위에 만족하지 못하고 거만하게도 자신을 황제라 칭했습니다. 진시황이 자신을 황제라고 칭하면서 이후 중국의 군주를 황제라고 부르게 된 것이지요. 다른 주장에 따르면 진시황이 전설적인 8명의 임금인 삼황오제(三皇五帝)에서 황제를 따왔다고도 합니다. 어쨌건 삼황오제도 전설 속의 인물이며 삼황오제에 어차피 염제와 황제가 들어 있으니 황제라는 칭호를 쓴 건 자신을 신적인 존재로 추앙하기를 바란 의도가 있음은 분명해 보입니다.

중국에서는 삼황오제를 단순히 전설 속 인물이 아닌 중국 문명의 시조로 여깁니다. 그렇다면 염제나 황제는 실존 인물일까요? 물론 염제나 황제라는 신이 존재했을 리는 없습니다. 염제나 황제와 같은 신화 속 존재를 해석하는 방법은 크게 두 가지로 나뉩니다. 하나는 상상 속 존재를 후대 역사가들이 실제 인물인 것처럼 기록했다고 보는 것입니다. 이것은 인간의 상상을 기록했으니 실재하는 것은 아니지요. 대부분의 신화 속 사건이나 영웅은 이런 방식으로 기록된 후 역사와 뒤섞여 전해집니다.

또 다른 방식은 실제 인물을 신격화하여 기록하는 방식입니다. 역사적인 사실을 기반으로 신화가 만들어졌다고 보는 관점을 '유헤메리즘(Euhemerism)'이라고 해요. 유헤메리즘은 고대 그리스 신화학자 에우헤메로스가 주장한 것입니다. 일반적으로 고고학계나 역사학자들은 이 관점을 잘 받아들이지 않습니다. 하지만 유헤메리즘을 믿은 슐리만(Heinrich Schliemann)이 호메로스의 『일리아스』에 나오는 트로이 유적을 발굴한 것처럼 신화 속 이야기가 놀라운 역사적 발견으로 이어지기도 합니다. 염제나 황제가 중국의 영웅을 신격화한 것으로 보는 것은 유헤메리즘의 관점을 따른 해석입니다. 염제가 황제가 실제 영웅이었는지 확실하지는 않아요. 이처럼 신화를 해석할 때 두 가지 관점 중 반드시 어느 것이 옳다고 하기는 어렵습니다.

5 신과 음양오행, 그리고 행성

◆

삼황오제의 이야기가 나왔으니 다섯 명의 신에 대해 더 알아봅시다. 다섯 신은 다섯 방향을 각기 맡아서 통치했습니다. 다섯 신이 다섯 방향을 상징하는 것은 도교의 음양오행설의 영향을 받았기 때문입니다. 다섯 명의 신은 방향과 함께, 각각의 특성도 지닙니다. 다섯 가지 특성은 흙, 쇠, 물, 나무, 불의 성질입니다. 이것은 동양 철학에서 이야기하는 만물을 구성하는 5원소인 오행(五行)을 상징합니다.

오행을 상징하는 다섯 명의 신은 계절과도 관련이 있습니다. 동방의 태호는 봄과 나무, 남방의 염제는 여름과 불, 서방의 소호는 가을과 쇠, 북방의 전욱은 겨울과 물과 관련이 있어요. 그리고 중앙을 담당하는 황제는 흙의 기운이 왕성한 곳으로 모든 방향을 다스렸습니다. 다섯 신을 이렇게 분류한 것은 도교의 음양오행설에 따라 세상의 형성과 운행을 관장하고 설명하기 위한 것일 가능성이 큽니다. 시대와 상황에 따라 신들의 역할도 변하기 때문입니다.

음양오행설은 세상의 모든 현상을 음양과 오행으로 설명하는 이론입니다. 신화뿐 아니라 중국 문화와 밀접한 관계가 있지요. 중국 신화에도 신이 등장하지만 그리스 로마 신화의 신과는 좀 다릅니다. 중국 신화에서는 신에 의해, 신의 뜻대로 세상이 돌아가는 것이 아니라고 여겼습니다. '自然(스스로 자, 그러할 연)'이라는 말에서 알 수 있듯이 음양오행의 원리에 의해 저절로 그렇게 돌아간다고 여겼지요.

'무위자연(無爲自然)'이라는 도가의 가르침에서 알 수 있듯이 도교에서는 자연을 거스르지 않고 순리대로 살아가야 한다고 강조했습니다. 이런 원리에는 자연을 움직이는 신들도 예외는 아니었어요. 우주 만물을 창조한 태초의 거인 반고조차도 혼돈 속에서 태어나 나이가 들어 죽었어요. 반고가 죽자 그의 몸에서 세상 만물이 생겨났어요. 중국 신화에서는 세상을 창조한 창조자조차도 자연 속 다른 존재들과 다를 바 없이 여겼다는 것이 특이합니다.

반고 이후에 등장한 황제를 비롯한 다섯 명의 신도 자연과 관련된 능력을 지녀 그들이 자연의 일부라고 할 수 있습니다. 서양에서 부르는 행성에는 각각 올림포스 신의 이름이 붙어 있습니다. 하지만 동양에서 부르는 행성의 이름은 신의 이름이 아닙니다. 눈으로 볼 수 있었던 다섯 행성에는 5행을 나타내는 이름인 수성(물), 금성(쇠), 화성(불), 목성(나무), 토성(흙)이라는 이름을 붙였지요. 동서양을 막론하고 맨눈으로 볼 수 있는 행성의 수는 다섯 개밖에 없었어요. 따라서 고대로부터 이름이 있었던 행성은 다섯 개입니다. 앞에서 이야기했듯이 동양에서 부르는 이름인 수성, 금성, 화성, 목성, 토성이라는 이름은 음양오행과 관련된 이름일 뿐 그리스 신화와는 상관없어요.

치우와 황제의 전쟁, 자연의 신들은 어떻게 편을 먹을까?

신화에서는 염제가 황제에게 패배한 것을 인정하지 못하고 재기를 노리는 자가 나옵니다. 바로 염제의 심복 치우였습니다. 치우는 염제가 황제에게 패한 것을 설욕하고 원한을 갚으려고 군대를 일으켰습니다. 황제와 대결하기 위해 81명(또는 72명)의 형제와 무시무시한 도깨비 등 막강한 군사를 동원했지요.

치우가 거느린 군대는 천하무적처럼 보였습니다. 이를 통솔하는 치우의 모습은 상대방에게 두려움을 주기에 충분했어요. 치우는 6개의 팔에 네 개의 눈을 가졌고 팔다리는 무기를 들고 있었습니다. 이 뿐 아니라 치우의 머리는 구리로 되어 있고 이마는 철로 되어 있으며 밥 대신 모래와 돌을 먹었고 다양한 무기를 만들 수 있는 능력도 있었습니다. 하지만 아쉽게도 치우는 전쟁에서 패하고 황제에게 사로잡혔습니다. 치우를 잡은 황제는 바로 처형해 버렸습니다. 이렇게 무시무시한 모습의 치우를 살려 뒀다가는 후한이 될까 두려웠기 때문입니다. 치우는 비록 전쟁에서 패하여 처형당했지만 후세 사람들은 그를 전쟁의 신으로 추앙하고 받들었습니다.

황제와 치우의 싸움은 중국 한족이 변방의 야만족을 물리친 사건을 미화하는 것으로 보입니다. 그렇다면 치우는 어떤 인물을 묘사한 것일까요? 모래와 돌을 먹고 무기를 만든다는 것으로 봐서 대장장이일 가능성이 많습니다. 전쟁에서는 철기를 다루는 능력이 매우 중요하므로 대장장이 우두머리를 치우로 묘사했을 것입니다.

이제 황제와 치우의 마지막 전투가 벌어졌던 탁록의 현장으로 가 볼까요? 이 전투에서 초반 기세는 치우 군이 압도했습니다. 81명의 치우 형제와 도깨비, 거인, 풍사, 우사 같은 막강한 능력자들이 포진해 있었기 때문입니다. 도깨비 군단 앞에 황제 군은 기가 죽어 있었습니다. 이때 치우 군의 기세를 누른 것이 황제 군의 북이었어요. 기와 뇌택이라는 동물의 가죽과 뼈로 만든 북에서 나는 천둥 같은 소리로 황제 군은 사기가 올랐고 치우 군은 많은 피해를 입었습니다.

하지만 치우는 안개를 일으켜 다시 황제 군을 혼란에 빠트렸습니다. 안개 속에서 갈팡질팡하는 황제 군을 갑자기 급습하는 방식으로 곤경에 빠트렸지요. 이 위기에서 황제 군을 구한 것은 지남거였습니다. 지남거(指南車)는 수레 위에 설치된 사람 모형이 항상 남쪽을 가리킨다고 해서 붙여진 이름입니다. 즉 전쟁에서 방향을 찾게 만들어 주는 장치가 바로 지남거예요. 흔히 영구 자석을 지남철(指南鐵)이라고 부른 것 때문에 지남거를 나침반과 같은 원리라고 오해하는 경우가 많습니다. 하지만 지남거는 톱니바퀴를 이용해 일정한 방향을 가리키도록 만든 정교한 장치로 나침반의 원리를 이용한 것은 아니에요.

황제 군은 응룡을 이용한 필살기인 엄청난 양의 물로 공격할 계획을 세웠습니다. 하지만 치우 군대에는 바람의 신 풍백과 비의 신 우사가 있었어요. 풍백과 우사가 엄청난 폭풍우를 일으키며 먼저 공격을 하는 바람에 당황한 황제 군은 물에 떠내려갈 처지가 되었습니다. 황제 군대를 위기에서 구한 것은 황제의 딸이자 가뭄의 신인 발이었습니다. 발이 뜨거운 열기로 비를 말려 버리자 전세가 순식간에 역전되지요. 탁록에서 전쟁의 승패를 가른 것은 바람과 비, 가뭄과 같은 기상 현상이었습니다. 지금도 기상 현상에 생활에 많은 영향을 주지만 과거 전쟁이나 농사에서는 거의 절대적이었어요. 신화 속에서는 기상 현상과 관련된 다양한 요소가 모두 별도의 신으로 존재합니다. 하지만 원리를 보면 같은 종류의 신이라고 할 수 있어요. 바람, 비, 가뭄 모두 같은 원리에 의해 생기기 때문입니다.

바람이 어떻게 생기는지 살펴볼까요? 태양열에 의해 지표면에 가열되면 공기가 상승하게 되고, 그 지역은 저기압이 됩니다. 저기압은 주변보다 기압이 낮으므로 주변에서 공기가 불어 들어옵니다. 즉 바람이 부는 것이지요. 비는 상승한 공기가 응결 고도에 도달하면 구름이 생기고 구름에서 비가 내리는 것입니다.

가뭄은 어떻게 생기는 걸까요? 공기가 상승해도 구름이 생기지 않으면 비가 내리지 않습니다. 또한 공기가 하강하는 곳에서는 있던 구름도 없어져 비가 내리지 않습니다. 풍백과 우사는 같은 편이고 발은 상대편이지만 그 능력은 모두 태양의 신 염제에 의해 좌우되니 과학적으로 본다면 모두 같은 편에 속해야 하는 것이지요.

나침반과 방향

나침반의 바늘이 북쪽과 남쪽을 가리키는 것은 지구가 하나의 거대한 자석과 비슷한 자기장을 형성하기 때문입니다. 나침반의 N극은 북쪽을 가리킨다고 해서 N극이라고 이름 붙였지만 사실 북쪽에는 자기장의 S극이 형성되어 있습니다. 철새와 같이 장거리를 이동하는 생물은 지구 자기장을 감지할 수 있다고 해요. 또한 지구 자기장은 지구의 보호막 역할을 해요. 지구 자기장은 태양으로부터 날아오는 태양풍을 막아 지구 생물을 보호하는 역할을 합니다. 태양풍에는 전기를 띤 입자들이 있어 생물에게는 해가 될 수 있어요. 전기를 띤 입자들이 지구 자기장에 이끌려 양극 쪽으로 가면서 기체 입자와 충돌해 나타나는 발광 현상이 오로라입니다.